AF389030

Lᵃ V
5617

MINISTÈRE DES TRAVAUX PUBLICS

PORTS MARITIMES
DE LA FRANCE

NOTICE

SUR

LE PORT DE LA PALLICE

PAR M. VIENNOT
INGÉNIEUR EN CHEF DES PONTS ET CHAUSSÉES

MISE À JOUR PAR M. EUGÈNE MAYER
INGÉNIEUR DES PONTS ET CHAUSSÉES

PARIS
IMPRIMERIE NATIONALE

MDCCCCII

PORT DE LA PALLICE

MINISTÈRE DES TRAVAUX PUBLICS

PORTS MARITIMES
DE LA FRANCE

NOTICE

SUR

LE PORT DE LA PALLICE

PAR M. VIENNOT
INGÉNIEUR EN CHEF DES PONTS ET CHAUSSÉES

MISE À JOUR PAR M. EUGÈNE MAYER
INGÉNIEUR DES PONTS ET CHAUSSÉES

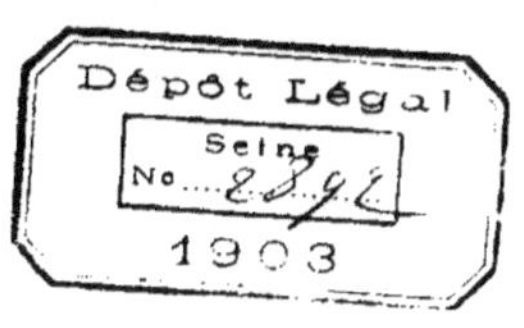

PARIS
IMPRIMERIE NATIONALE

MDCCCCII

PORT DE LA PALLICE

(LA ROCHELLE).

—————————

CHAPITRE PREMIER.

HISTORIQUE DES ÉTUDES.

Les premières démarches faites par le commerce de la Rochelle, en vue de la création d'un troisième bassin à flot, remontent à 1870. En août 1872, le Conseil général du département émettait le vœu qu'un nouveau bassin fût construit avec une largeur suffisante pour l'évolution des plus grands navires.

Le 29 janvier 1873, la Chambre de commerce insistait sur la demande qu'elle avait formulée en 1870 et signalait la progression constante du mouvement maritime du port, dont le tonnage avait presque doublé dans les dix dernières années.

Pour répondre à ces vœux, un avant-projet fut présenté le 3 septembre 1873 par les ingénieurs du Service maritime. Il comprenait :

1° La construction, dans le lais de mer sur lequel ont déjà été pris le bassin extérieur du port de la Rochelle et ses dépendances, d'un bassin à flot présentant une superficie de 5 hect. 80 ares, un développement de murs de quai de 1.000 mètres, et creusé à 1 mètre en contre-bas du fond du bassin extérieur, c'est-à-dire à 1 m.93 au-dessous du zéro des cartes marines;

2° Une écluse à sas, de 21 mètres de largeur et 100 mètres de longueur utile, avec pont tournant;

3° Un avant-bassin de 2 hect. 58 ares et 445 mètres de murs de quai;

4° Enfin, l'approfondissement du chenal sur une longueur de 3.400 mètres jusqu'au niveau du radier projeté.

Ce projet ne donnait pas complètement satisfaction aux désirs du commerce rochelais. Le nouveau bassin, en effet, n'aurait pu recevoir en mortes eaux que des navires d'un tirant d'eau inférieur à 6 mètres et les grands steamers calant 7 mètres n'y seraient entrés qu'en marée de syzygies.

Une décision ministérielle du 4 mars 1874 fit connaître qu'il n'y avait pas lieu de donner suite à ce premier projet, le bassin extérieur étant assez vaste pour suffire à un mouvement plus considérable que celui qui s'y était opéré jusqu'alors.

La question fut reprise en 1875. La Chambre de commerce et les armateurs ne contestaient pas que les deux bassins du port ne fussent suffisants pour le commerce qui se fait avec des navires ayant au plus 5^m.50 de tirant d'eau; mais ce qu'ils demandaient, c'était la construction d'un bassin profond, avec une large écluse permettant, comme à Saint-Nazaire, l'entrée des navires d'un fort tonnage que le commerce tend de plus en plus à employer. Ils ajoutaient que la position exceptionnelle de leur port, entouré de rades excellentes, suffisait pour motiver cette construction qui, sans entraîner des dépenses excessives, ferait de la Rochelle un établissement maritime de premier ordre.

Avant de prendre aucune détermination, l'Administration supérieure prescrivit, par décision du 11 janvier 1876, une étude générale et complète du régime de la côte, à l'effet de savoir si le chenal du port de la Rochelle pouvait être approprié, d'une manière sûre et permanente, aux profondeurs qu'exigerait sa fréquentation par des navires comportant un tirant d'eau supérieur à 6^m.50.

Cette étude fut confiée à M. Bouquet de la Grye, ingénieur hydrographe de 1re classe, qui procéda à l'exploration de la baie de la Rochelle et de ses abords, dans le courant des mois d'août et septembre 1876.

Cet éminent ingénieur consigna ses observations dans un très intéressant rapport où toutes les questions concernant l'hydrographie des environs de la Rochelle sont traitées avec une grande compétence.

Partant de ce principe que la profondeur de 8 mètres du canal de Suez était suffisante, puisque par là passe le plus grand commerce du monde, il admit qu'on avait besoin de 8 mètres de mouillage dans le chenal pour que, dans un coup de vent, le tangage ne fasse pas toucher la quille; et de $7^m,5o$ sur le radier, si ce point est à l'abri des lames. Il fit observer que la plus petite haute mer de morte eau s'élevant à la Rochelle à la cote (4.10), le chenal extérieur devrait être à (3.90) et le radier à (— 3,40) au-dessous du niveau des basses mers, pour que l'entrée fût possible tous les jours. Il fit remarquer toutefois que ces chiffres pouvaient être réduits en se basant sur les considérations suivantes :

1° La marée de $4^m,1o$ est une marée exceptionnelle, elle n'arrive qu'une fois ou deux par an et on peut, à la grande rigueur, prendre pour point de départ la cote (4.5o), la courbe de fréquence ne remontant rapidement qu'à partir de cette cote. Cette augmentation donne pour le radier le chiffre de — 3 mètres.

2° Par mauvais temps, la hauteur de l'eau, au moment de la pleine mer, croît à peu près comme le tangage, en raison du refoulement produit dans le pertuis par le vent et de la surélévation due à la baisse barométrique;

3° Enfin les fonds en dehors, comme ceux qui existent à l'ouvert du chenal, sont de vase pure, ce qui rend les coups de talon sans danger.

Ces considérations conduisaient à adopter pour le chenal la cote (3.oo), mais comme un minimum.

Le but de l'exploration confiée à M. Bouquet de la Grye était donc de déterminer si ce chiffre de 3 mètres au-dessous du zéro des cartes marines pouvait être atteint sans des dépenses hors de proportion avec les résultats qu'on avait en vue.

Les six premiers chapitres du rapport de M. Bouquet de la Grye sont consacrés à une description du port de la Rochelle et de ses alterrages, à l'étude du régime de la baie, des vents, des courants, de la nature du fond, au compte rendu d'expériences faites sur la quantité de vase contenue en suspension dans l'eau de mer et sur le cheminement des vases ou des sables au fond de la baie; puis, à une étude comparative entre l'état actuel des lieux et les états antérieurs résultant des cartes marines levées à diverses époques, et d'anciens documents.

La suite du travail, comprenant trois chapitres, traite des moyens à employer pour créer et maintenir dans la baie un chenal de grande profondeur. M. Bouquet de la Grye y indique le tracé à adopter pour ce chenal, les dispositions à prendre pour l'entretenir au moyen de chasses très puissantes, les précautions à suivre pour éviter un trop prompt envasement des bassins de chasse. Dans le chapitre x, il donne quelques indications sur le bassin à flot projeté. Enfin, dans le chapitre xi, il propose une nouvelle solution consistant à créer, au Nord de la pointe de Chef-de-Baie, un bassin disposé de manière à recevoir les plus grands navires.

Les conclusions de cette savante étude peuvent se résumer comme il suit :

Un chenal de 2 mètres de profondeur au-dessous des plus basses mers, dirigé suivant la ligne des deux feux de la Rochelle, ne pourrait être maintenu qu'à la condition d'enlever toute la couche sableuse, représentant un cube d'environ 900,000 mètres, située à l'Ouest de la tour de Richelieu, entre les Minimes et le Port-Neuf. L'entretien de ce chenal exigerait au moins 100,000 mètres cubes de dragages par an. Quant au chenal creusé à la cote (3.00) qui serait nécessaire pour permettre aux navires calant 7 mètres d'entrer à la Rochelle, il ne faudrait pas songer à l'obtenir dans cette direction rectiligne. Les expériences faites sur le cheminement des vases prouvent, en effet, qu'à chaque marée le mollin s'y rendrait en quantité considérable et que l'entretien en serait impossible, même avec des dragues d'une grande puissance. D'autre part, des chasses faites en ligne droite ne sauraient être efficaces sur une longueur de 4 kilomètres qu'aurait le chenal et dans une profondeur d'eau de 3 mètres au moins au moment de la basse mer, qu'à la condition d'avoir, jusqu'à l'issue des 4 kilomètres, une vitesse qu'il serait absolument impossible de réaliser.

Pour obtenir et conserver un chenal à la cote (− 3.00) dans la baie, il conviendrait d'adopter un tracé courbe, orienté de manière à dévier le jusant dans une direction aussi rapprochée que possible de celle de la lame de mauvais temps. M. Bouquet de la Grye indique sommairement la direction de ce chenal, les dispositions des retenues et écluses de chasses successives, et il établit, par des calculs de débit et par comparaison avec ce qui se passe à l'embouchure des principaux cours d'eau et chenaux débouchant dans le pertuis d'Antioche, que le jeu seul des chasses suffirait pour maintenir la profondeur d'un chenal ainsi disposé.

Mais une autre solution, dont la réussite était certaine, qui ne paraissait présenter aucune difficulté d'exécution et qui laissait au commerce de la Rochelle la possibilité de s'étendre indéfiniment, semblait, à tous égards, préférable à la précédente.

Elle consistait à établir le bassin à grand tirant d'eau, demandé par le commerce, non plus au fond de la baie, à côté des bassins actuels, mais à 5 kilomètres de la ville, au Nord de la pointe de Chef-de-Baie, à proximité de la rade profonde de la Pallice, en profitant d'une dépression de terrain connue sous le nom de *Mare de la Besse*.

Les considérations suivantes déterminèrent les ingénieurs à se rallier à cette seconde solution qui a réuni également l'adhésion de la municipalité et de la Chambre de commerce :

Le chenal du port de la Rochelle n'est creusé qu'à 1 mètre au-dessous des plus basses mers; il s'étend jusqu'à 700 mètres au delà de la digue de Richelieu, à 2.500 mètres de l'entrée des bassins. Dans cet état, il ne peut être fréquenté en morte eau que par des navires ne calant pas plus de 5 mètres et dont la jauge ne dépasse guère 800 tonneaux. Pour mettre ce chenal en état de recevoir les plus grands steamers que le commerce emploie aujourd'hui, il faudrait l'approfondir d'au moins 2 mètres, et par suite le prolonger de 2 kilomètres pour atteindre les fonds de 3 mètres; il faudrait en outre porter sa largeur à 80 mètres [1].

Le maintien d'un chenal de telles dimensions dans les fonds vaseux de la baie serait peut-être impossible à réaliser, même avec les moyens proposés par M. Bouquet de la Grye, et les dépenses, tant de premier établissement que d'entretien, seraient, dans tous les cas, considérables.

L'autre solution, indiquée comme de beaucoup préférable par M. Bouquet de la Grye et qui consistait à tourner l'obstacle que présentent les vases de la baie, à se séparer radicalement du vieux port et à aller chercher la mer en face de la rade de la Pallice, en un point de la côte où les grandes profondeurs se rapprochent à quelques centaines de mètres du rivage, avait bien l'inconvénient d'écarter de 5 kilomètres de la ville le nouvel établissement à créer; mais de nombreux ports étrangers, et des plus considérables, présentent cette particularité et n'en souffrent point. M. Bouquet de la Grye cite notamment les villes de Singapour, d'Adélaïde et de Melbourne, où le débarquement des marchandises se fait à une distance de 3 à 4 kilomètres du centre même du commerce.

Par ailleurs, tout était avantage dans la solution proposée : une jetée d'une longueur de 600 mètres permettait d'atteindre, non pas seulement les profondeurs de 3 mètres sous les plus basses mers, mais les profondeurs de 5 mètres. Le fond, depuis le rivage jusqu'à la ligne des profondeurs de 5 mètres, est formé d'un rocher calcaire dont la nature permettait d'établir solidement les ouvrages, sans nécessiter des déblais difficiles et coûteux.

La comparaison des levés exécutés à diverses époques permettait de considérer les fonds comme sensiblement immuables, en face de l'emplacement indiqué. Rien n'était à craindre des quelques

[1] La largeur du chenal a été portée à 50 mètres, grâce aux dragages intensifs exécutés depuis trois ans.

galets que les lames balancent le long du rivage, d'une pointe de falaise à l'autre, en tendant à les ramasser toujours au fond des anses, sans leur faire contourner les pointes.

À l'intérieur du rivage, la nature semblait avoir tracé, par une dépression allongée du sol, l'emplacement même du bassin. Les déblais devaient comprendre de la vase dans les parties basses et du rocher au pourtour, ce qui permettait de réduire les murs de quai à de simples revêtements de maçonnerie. Enfin la situation à la mer était admirable. La rade de la Pallice, sur laquelle s'ouvrirait le port, est bien connue des navigateurs; elle est protégée de la mer du large par trois grands brise-lames naturels : au Sud et au Sud-Ouest, l'île d'Oleron; à l'Ouest, l'île de Ré; au Nord, un seuil sous-marin, le *Peu Breton*, qui s'étend entre l'île de Ré et l'embouchure de la Sèvre Niortaise; le fond offre une excellente tenue aux navires, le mouillage y varie de 10 à 20 mètres au moment de la basse mer, les courants y sont maniables et bien orientés, l'appareillage y est facile par tous les vents.

M. de Freycinet, ministre des travaux publics, étudia la question lors de son passage à la Rochelle, le 24 septembre 1878, et, après avoir entendu les délégués du commerce et de la municipalité, il se déclara favorable à la création du nouveau port. Quelques jours après la visite du Ministre, un avant-projet était présenté à l'Administration. Ce projet, pris en considération par le Conseil général des ponts et chaussées, fut soumis, dans le courant de l'année 1879, aux formalités des enquêtes et des conférences mixtes, subit diverses modifications au cours de cette instruction et donna lieu à une loi promulguée le 2 avril 1880.

Les travaux ont été commencés en 1881 et le nouveau port de la Pallice-la Rochelle, inauguré solennellement le 19 août 1890 par M. Carnot, Président de la République, a été ouvert officiellement à la navigation en juin 1891. Il ne restait plus à exécuter, à cette époque, que divers travaux de parachèvement qui sont aujourd'hui terminés.

CHAPITRE II.

DESCRIPTION TECHNIQUE DU PORT.

Régime des marées et des vents. — Le régime des marées et des vents est le même que pour le vieux port de la Rochelle.

L'établissement du port est 3 heures 31 minutes.

L'unité de hauteur, d'après l'Annuaire du bureau des longitudes, est $2^m,67$.

Le zéro des cartes marines est à 3 mètres en contre-bas du nivellement général de la France.

Les diverses hauteurs de marées sont les suivantes :

Hautes mers	de vive eau d'équinoxe............	$6^m.56$
	de vive eau moyenne.............	5 80
	de morte eau ordinaire...........	4 66
Niveau moyen de la mer..................		3 00
Basses mers	de morte eau ordinaire..........	1 95
	de vive eau ordinaire...........	0 65
	de vive eau d'équinoxe..........	0 00

L'étale de pleine mer de morte eau a une durée moyenne de 1 heure 30 minutes; elle dure assez souvent près de 3 heures sans dénivellation bien sensible.

L'étale de pleine mer de vive eau est beaucoup moins prolongée; sa durée moyenne est de 30 minutes.

Le vent qui souffle à la Pallice a une direction différente de celle qui est indiquée par les observations faites aux Baleines ou à Chassiron, et l'influence de la terre peut aller jusqu'à changer de 90 degrés la moyenne de l'année. C'est surtout lorsque les vents sont faibles que cette influence se fait le plus sentir.

Suivant la division adoptée par les marins à la Rochelle, on appelle *vents d'aval* ceux qui soufflent du Nord-Ouest au Sud, en passant par l'Ouest, et *vents d'amont* ceux qui soufflent du Nord au Sud-Est, en passant par l'Est.

Sur 1.000 observations relevées au phare de Chassiron, situé à l'extrémité Nord-Ouest de l'île d'Oleron, on trouve à peu près le même nombre d'observations de vents d'amont et de vents d'aval.

Au phare de Chauveau, situé à l'entrée de la baie de la Rochelle, on remarque que les vents dominants soufflent également de l'Ouest et du Nord-Est en hiver, de l'Ouest-Sud-Ouest et du Nord-Nord-Est en été et en automne, enfin du Nord-Nord-Est au printemps.

Atterrages : Éclairage et balisage des accès. — Les navires font, en venant du large, la même route que pour entrer au vieux port de la Rochelle. S'ils sont entrés par le pertuis Breton, ils arrivent à la rade de la Pallice, après avoir franchi des fonds de 3 mètres sous le zéro des cartes, par le travers de la baie de l'Aiguillon. S'ils entrent par le pertuis d'Antioche, ils doublent la pointe de Chauveau (île de Ré) et pénètrent dans la rade de la Pallice en passant entre cette pointe et le banc du Lavardin, signalé par une tourelle en maçonnerie surmontée d'un feu blanc permanent à occultations. Dans ce trajet, les fonds rencontrés se relèvent progressivement jusqu'à la rade.

On rencontre dans la rade, abritée du large par la pointe orientale de l'île de Ré, des fonds de vase qui varient de 5 à 15 mètres sous le zéro, suivant les lieux de mouillage, avec des courants dont la vitesse ne dépasse pas 2 nœuds et demi.

Deux feux de port de 5e ordre, sur des tourelles en maçonnerie, marquent l'entrée de l'avant-port de la Pallice : l'un vert, sur le musoir de la jetée Sud; l'autre rouge, sur le musoir de la jetée Nord.

Deux feux verts, supportés par des pylônes établis sur le terre-plein du quai Est du bassin, indiquent la direction à suivre pour traverser l'écluse.

LA PALLICE.

Conditions nautiques du port : Profondeurs minima dans les diverses circonstances de marée. — Les profondeurs indiquées ci-dessous sont celles qu'on rencontre dans la passe d'entrée de l'avant-port, dans l'avant-port et dans l'écluse à sas.

DÉSIGNATION DES MARÉES.		PROFONDEUR minima.
Vives eaux extraordinaires.	Pleine mer.........	11^m.56
	Basse mer.........	5 00
Vives eaux ordinaires....	Pleine mer.........	10 80
	Basse mer.........	5 70
Mortes eaux ordinaires...	Pleine mer.........	9 66
	Basse mer.........	6 95
Mortes eaux minima.....	Pleine mer.........	9 20
	Basse mer.........	7 50

Longueur maxima des navires qui peuvent évoluer dans le port. — Les plus grands navires de guerre ou de commerce actuels ayant 170 mètres de longueur peuvent évoluer dans l'avant-port et dans le bassin à flot.

Les navires de 8 mètres de tirant d'eau peuvent entrer à toutes les marées de l'année dans l'avant-port, pendant environ 6 heures, et peuvent séjourner en tout temps dans le bassin à flot.

Les navires de moins de 5 mètres de tirant d'eau peuvent entrer en permanence, à toute heure de marée, dans l'avant-port.

L'écluse à sas permet d'introduire au bassin, à toute heure, un navire entré dans l'avant-port.

Description du chenal d'entrée et de l'avant-port. — L'avant-port est limité par deux jetées en maçonnerie qui se détachent du rivage à une distance de 400 mètres environ l'une de l'autre, et qui vont en se rapprochant de manière à laisser, entre leurs extrémités, une passe de 90 mètres de largeur qui forme l'entrée de l'avant-port.

Fig. 1.

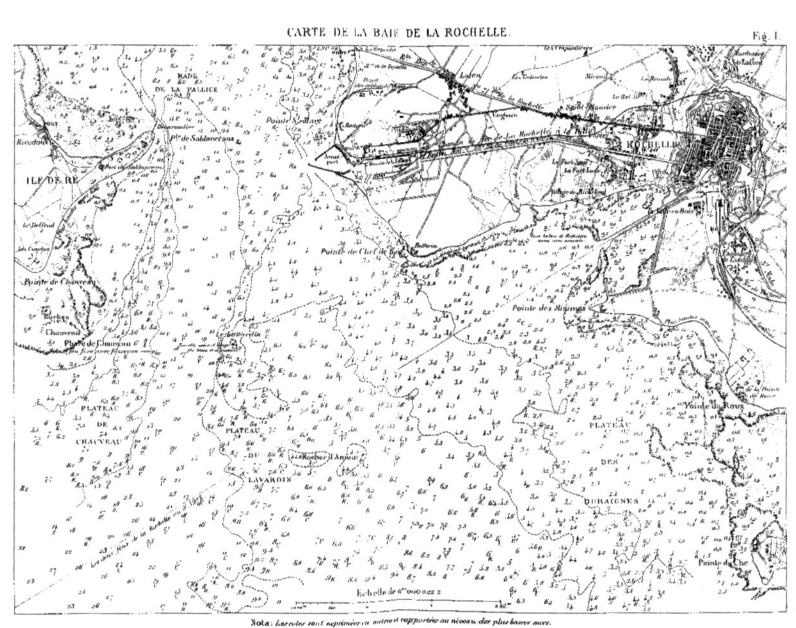

Nota: Les cotes sont exprimées en mètres et rapportées au niveau des plus basses mers.

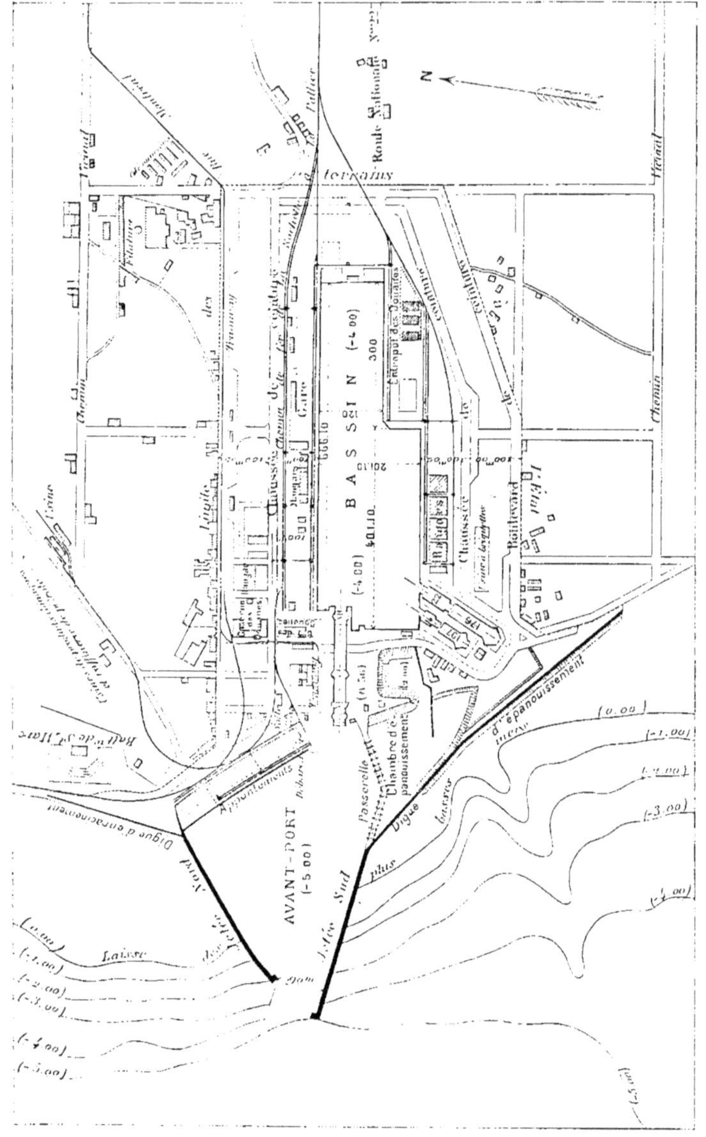

Fig. 2. — Plan du port de la Pallice.

Échelle de 0,000 08.

La jetée Sud, d'une longueur de 626 mètres, s'avance jusqu'aux fonds de 5 mètres sous le zéro des cartes.

La jetée Nord, longue de 433 mètres, s'avance un peu moins vers le large; elle s'arrête aux fonds de 2ᵐ,50. Il règne par suite, à partir du travers du musoir de la jetée Nord, un court chenal déblayé à la cote (—5,00) jusqu'à la ligne des fonds naturels de 5 mètres; suivant l'axe de la passe, la longueur de ce chenal est d'environ 100 mètres.

Tout l'avant-port, d'une superficie de 12 hectares et demi, est déblayé à la cote (—5,00); on y trouve, dans les diverses circonstances de marée, les hauteurs d'eau qui sont indiquées plus haut. Cinq bouées d'amarrage y sont placées pour les évolutions ou le stationnement des navires.

La jetée Sud aboutit à l'entrée de l'écluse. Sur une longueur de 200 mètres, à partir de son origine à terre, elle est discontinue et formée de piles en maçonnerie supportant des passerelles. Sur le reste de sa longueur, elle est pleine.

Une chambre d'épanouissement de 4 hectares, fermée, du côté de la mer, par une digue, est en communication avec l'avant-port par la partie discontinue de la jetée; cette disposition a pour effet d'atténuer l'intensité des lames, à l'entrée de l'écluse, en leur offrant latéralement, pendant qu'elles cheminent le long de la passerelle, un espace d'eau abrité où elles peuvent s'étaler en diminuant d'amplitude. La chambre d'épanouissement est à sec à basse mer.

La jetée Nord est pleine sur toute sa longueur. Entre son enracinement et le musoir Nord de l'écluse, sur une longueur de 300 mètres, règne un brise-lames formé d'un plan incliné en pente douce, descendant depuis le niveau des terre-pleins jusqu'à la cote (1,00); un mur à faible fruit relie le pied du brise-lames au fond de l'avant-port.

Sur le pied de ce brise-lames, et sur une longueur de 210 mètres à partir de l'écluse, on a construit un appontement formé de piles en maçonnerie surmontées d'un tablier en fer et bois, ayant pour objet de permettre à des navires qui auraient à faire de rapides escales au port de la Pallice, entre deux basses mers, d'effectuer leurs opérations dans l'avant-port, sans être obligés de franchir l'écluse et d'entrer au basssin. Cet appontement est relié aux terre-pleins par deux petits appontements transversaux et par le musoir de l'écluse. En avant d'une partie de cet appontement, sur 110 mètres de longueur et 15 mètres de largeur, on a pratiqué un approfondissement de l'avant-port jusqu'à la cote (− 7,00), destiné à permettre aux navires pétroliers de séjourner dans l'avant-port sans danger d'échouage.

Les jetées, par leur mode de construction, peuvent être rangées de très près par les navires, sur leur longueur entière; pourtant elles ne sont réellement accostables, sans risques, et d'ailleurs utilement, que sur les longueurs ci-après, savoir : la jetée Sud, 80 mètres; la jetée Nord, 240 mètres. En y ajoutant la longueur de l'appontement, 210 mètres, on trouve un total de 530 mètres de longueur de quais accostables dans l'avant-port. Sur toute cette longueur, la plate-forme des jetées ou le tablier des appontements offrent une largeur utile de 8 mètres. Mais les appontements seuls sont munis de voies ferrées. La plate-forme de ces ouvrages est à la cote (8.56).

La jetée Sud et la jetée Nord présentent une cale basse de déchargement à la cote (6.56), reliée par deux rampes à la plate-forme courante de la jetée.

Bassins d'opérations à marée. — L'une des travées de la passerelle de la jetée Sud est munie d'un pont roulant qui permet aux petits navires et aux bâtiments de servitude de pénétrer dans la chambre d'épanouissement et d'y échouer à mer basse. Le fond de la chambre d'épanouissement est à la cote (2.00); il y monte de 2 mètres à 4ᵐ.56 d'eau à haute mer.

Écluse. — L'avant-port communique avec le bassin à flot par

une écluse à sas, munie d'une paire de portes de flot, servant de
portes de garde en cas de mauvais temps, et de deux paires de
portes d'èbe.

La largeur du sas est de 22 mètres; sa longueur utile est de
167 m. 50.

La profondeur sur les buses d'aval et dans le sas est la même
que dans l'avant-port; on y rencontre donc, suivant les circonstances
de marée, les hauteurs d'eau données plus haut.

Outillage de l'écluse. — Les portes sont manœuvrées à l'aide d'appareils à main, qui pourront être ultérieurement actionnés par l'eau
comprimée ou par l'électricité.

Le remplissage et la vidange du sas s'opèrent au moyen d'aqueducs placés dans les bajoyers et munis de vannes levantes manœuvrées à la main.

La durée moyenne d'un sassement peut être ainsi évaluée, à
partir du moment où le navire s'engage dans l'écluse, jusqu'au
moment où il en est sorti :

1° Pénétration du navire dans le sas et amarrage.	3 minutes.
2° Fermeture des portes (d'aval ou d'amont, suivant que le navire entre ou sort)..........	5
3° Remplissage ou vidange du sas (suivant que le navire entre ou sort).................	15
4° Ouverture des portes (d'amont ou d'aval, suivant que le navire entre ou sort).........	5
5° Sortie du sas.........................	2
TOTAL...................	30

Le sassement peut se faire à toute heure de marée.

Le buse d'amont de l'écluse est au niveau du fond du bassin
à flot.

Un pont tournant doit être construit sur l'écluse. En attendant,
le public franchit l'écluse sur les passerelles des portes quand le

bassin à flot est fermé, et au moyen d'une embarcation quand toutes les portes sont ouvertes.

Deux fortes chaînes de garde sont tendues en travers de l'écluse pour la protection des ouvrages quand les portes sont fermées.

Bassin à flot : Développement des quais. — Le bassin à flot a une superficie de 11 hectares et demi et un périmètre de 1.800 mètres. La longueur utilisable des quais est de 1.600 mètres environ.

Profondeur disponible. — Le fond du bassin est à la cote $(-4,00)$ dans toute son étendue, sauf immédiatement au pied des quais où il se relève de 1 mètre, mais sans que ce relèvement diminue la profondeur utile. On y trouve, en conséquence, les mouillages suivants :

En vive eau extraordinaire.	10ᵐ.56
En vive eau ordinaire.	9 80
En morte eau ordinaire	8 66

Terre-pleins. — Les terre-pleins, dans leur ensemble, comprennent une zone de 200 mètres de largeur autour du bassin à flot. Cette largeur peut être ainsi décomposée comme moyenne :

1ʳᵉ zone de 100 mètres.	Terre-pleins affectés au dépôt et à la manipulation de marchandises, comprenant les voies ferrées de quai et d'arrière-quai, les hangars. . . .	80ᵐ.00
	Chaussée de circulation entourant cette première zone. . . .	20 00
2ᵉ zone de 100 mètres.	Largeur affectée aux magasins, aux établissements à usage public, aux administrations de l'État.	77 00
	Boulevard entourant le port. . .	23 00
	Total.	200 00

Ces terre-pleins forment une superficie de 40 hectares environ dont une partie seulement est déblayée et aménagée : toute la première zone et, sur la seconde, les chaussées de raccordement avec la première zone et les deux premières parcelles des terre-pleins Nord ayant ensemble 1 hectare environ.

La superficie de la première zone, spécialement affectée au dépôt et aux manipulations de la marchandise immédiatement avant l'embarquement ou après le débarquement, déduction faite de l'espace occupé par les chaussées, les voies ferrées et divers établissements publics, est de 7 hectares environ.

Affectation des quais. — La navigation est trop peu avancée pour que les divers quais aient reçu une affectation fixe.

Cependant, il y a lieu de signaler :

1° Que le quai Est est muni de deux cales inclinées occupant ensemble une longueur de 80 mètres et qui pourront être spécialement affectées au déchargement des bois;

2° Qu'un entrepôt réel des Douanes a été établi devant l'extrémité Est des quais Sud, et que, par suite, cette partie des quais Sud, sur une longueur de 150 mètres, sera réservée aux navires déchargeant en entrepôt;

3° Que 140 mètres du quai Nord ont été affectés aux paquebots de la *Pacific Steam Navigation Company* qui font escale à la Pallice;

4° Que l'extrémité Est du quai Nord a été affectée aux navires provenant de localités contaminées de peste.

Ouvrages pour l'entretien des profondeurs. — Aucun ouvrage de chasse n'est prévu.

L'entretien des profondeurs est assuré au moyen de dragages; le matériel dont on se sert est celui du port de la Rochelle : on a été obligé d'allonger l'élinde de la drague.

Les données qu'on a pu recueillir jusqu'ici permettent, sous toutes réserves, d'évaluer l'envasement de l'avant-port à une couche molle de 0^m.25 à 0^m.30 par an, susceptible de se réduire par tassement à moitié moins; l'envasement du bassin à flot est très faible et on n'y a encore fait aucun dragage.

Ouvrages accessoires : formes de radoub. — Le bassin de la Pallice comprend deux formes de radoub qui sont exploitées en régie par l'État.

Ces deux formes, placées côte à côte, s'ouvrent dans le bassin à l'extrémité Ouest des quais Sud.

Forme n° 1. — La plus grande, ou forme n° 1, a une longueur de 180 mètres, comptée depuis la feuillure du bateau-porte jusqu'au pied du mur de l'extrémité de la forme. Sa largeur d'entrée est de 22 mètres.

La cote du seuil est de (— 3.50) et cette cote est aussi celle du dessus des tins qui ont une hauteur de 1 mètre au-dessus du radier. On a ainsi les hauteurs d'eau suivantes sur le seuil et sur les tins :

        Vives eaux extraordinaires......................... 10^m.06
        Vives eaux ordinaires..............................   9   30
        Mortes eaux ordinaires.............................   8   16

Forme n° 2. — La petite forme, ou forme n° 2, a une longueur de 111 mètres, depuis la feuillure d'appui du bateau-porte jusqu'au pied du mur de l'extrémité de la forme. Sa largeur d'entrée est de 14 mètres.

La cote du seuil et du dessus des tins est (— 2.50). On y trouve également les hauteurs d'eau suivantes :

        Vives eaux extraordinaires.........................   9^m.06
        Vives eaux ordinaires..............................   8   30
        Mortes eaux ordinaires.............................   7   16

Dispositions accessoires communes aux deux formes : épuisement. Chaque forme présente un seuil et des feuillures intermédiaires pouvant recevoir les bateaux-portes et divisant la forme en deux longueurs inégales.

Les bateaux-portes sont en fer, du système de Coppier, simplifié par la suppression des caisses à lest d'eau.

Chaque forme est munie d'une fosse à gouvernail.

Les épuisements et l'entretien à sec sont effectués au moyen d'un système de pompes centrifuges à axe vertical, logées dans un puisard et actionnées directement par un moteur horizontal placé au niveau du sol. Les appareils principaux fonctionnant ensemble peuvent épuiser la forme n° 1 dans un délai maximum de 5 heures par une marée moyenne. Ce maximum pourra lui-même être réduit à 3 heures et demie par l'addition d'une troisième machine dont l'emplacement a été réservé.

Les appareils d'entretien sont complètement indépendants des grands appareils; ils peuvent extraire de chaque forme, même lorsque l'aspiration se fait dans les fosses à gouvernail, 400 mètres cubes d'eau par heure, le niveau de l'eau à épuiser étant supposé à la cote (6,50) et le refoulement se faisant jusqu'à la cote (6,00).

Outillage : outillage de la Chambre de commerce. — Un décret du 9 janvier 1891 a autorisé la Chambre de commerce de la Rochelle à établir et à administrer sur les quais du bassin de la Pallice, aux clauses et conditions d'un cahier des charges annexé audit décret, des hangars et des grues pour le chargement et le déchargement des navires, la manutention des marchandises, le mâtage et le démâtage des navires.

En vertu de ce décret, la Chambre a fait établir deux hangars sur le terre-plein du quai Nord et cinq hangars sur le terre-plein du quai Sud.

La surface totale couverte de ces sept hangars est de 7.357 mètres carrés.

La Chambre de commerce a fait également construire et mis en service pour l'exploitation du port une grue fixe de 10 tonnes actionnée à bras d'hommes et seize grues à vapeur de 1.500 kilogrammes pouvant se déplacer en bordure des quais sur une voie spécialement affectée à cet usage.

Par une loi du 16 janvier 1897, la Chambre a, en outre, obtenu la concession, pour une durée de 99 ans, de tous les terrains disponibles sur la seconde zone des terre-pleins du bassin, en dehors de ceux qui sont affectés à divers services de l'État ou qui sont réservés pour l'établissement ultérieur d'une gare maritime.

Ces terrains forment une superficie de 4 hectares environ; ils doivent être exclusivement affectés à des magasins publics, à des établissements quelconques à usage public, relatifs à l'exploitation du port, et à des occupations temporaires à titre précaire et révocable suivant baux de location approuvés par le Ministre des travaux publics, ayant pour objet des établissements relatifs à l'exploitation du port.

Cette concession a l'avantage de pouvoir procurer au commerce, dans des conditions et suivant des règles d'administration uniformes, tous les établissements à usage public et tous les services d'intérêt général que rendra nécessaires le développement de la navigation et du trafic et qu'il y a intérêt à concentrer dans le voisinage immédiat du port. Les produits nets de l'exploitation devant être consacrés par la Chambre de commerce, soit à l'extension des établissements à usage public, soit à un abaissement des taxes, le commerce sera toujours sûr de récupérer, sous l'une de ces deux formes, les sommes qui auraient pu être perçues en sus de l'exacte rémunération des services rendus.

Comme il a été dit plus haut, les deux premières parcelles des terre-pleins Nord de seconde zone ont été dérasées; la Chambre de commerce a fait construire sur la parcelle n° 1 des magasins publics qu'elle exploite comme magasins généraux, et qui couvrent une superficie de 2.800 mètres carrés; des négociants en vins ont construit des magasins sur la parcelle n° 2.

La Chambre a en outre consenti des occupations temporaires de parcelles des terre-pleins Sud à des industriels pour y faire des dépôts de charbon et y construire des usines à briquettes.

Voies ferrées. — La première zone des terre-pleins sur le quai Nord et les quais Sud du bassin est garnie de voies de quai et de voies d'arrière-quai, toutes accessibles par aiguilles et reliées entre elles par des voies transversales avec batteries de plaques tournantes.

Des voies d'arrière-quai du quai Nord se détache une voie qui gagne le terre-plein du grand brise-lames de l'avant-port, et donne accès aux voies de ce terre-plein et des appontements.

Une voie, en partie construite, se détache de la voie du brise-lames pour desservir le boulevard Nord, le long des propriétés riveraines, et faciliter l'exécution des embranchements industriels.

Le réseau des voies de quai n'a pas été, tout d'abord, établi en entier; la longueur des voies actuellement en service est de 10,500 mètres environ.

Quatre ponts à bascule ont été établis sur ces voies : le premier, de 40 tonnes, au quai Nord; les trois autres, de 20 tonnes, au quai Sud.

Il existe, en outre, en bordure des quais Nord et Sud, une voie ferrée spécialement affectée au service des grues de 1.500 kilogrammes.

Entrepôt réel des douanes. — La ville de la Rochelle a fait construire sur la première zone du terre-plein, sur un terrain dont la loi du 16 janvier 1892 lui a accordé la concession, un entrepôt réel des douanes. Cet entrepôt offre une surface couverte de 768 mètres carrés; il a des caves sur la moitié de son étendue et un étage au-dessus du rez-de-chaussée. La surface utilisable est de 1.700 mètres carrés environ.

Voies desservant le port : voies ferrées. — Le bassin de la Pallice est relié à la gare de la Rochelle par une ligne à voie normale de 8 kilomètres de longueur, qui entoure la ville.

La gare provisoire de la Pallice est établie sur la première zone du terre-plein du quai Nord.

L'Administration des chemins de fer de l'État a construit une salle de visite destinée à faciliter les opérations de la douane, à l'arrivée des voyageurs débarqués par les paquebots transatlantiques.

Ce débarcadère est constitué par un bâtiment de 40 mètres de longueur sur 15 mètres de largeur, établi sur un plancher métallique supporté par des piliers en maçonnerie fondés sur le rocher calcaire du brise-lames.

La ville de la Rochelle est, en outre, reliée au port de la Pallice par une ligne de tramway à air comprimé.

Les communications du bassin de la Pallice avec l'intérieur sont les mêmes que celles du vieux port de la Rochelle.

Routes et chemins. — La route nationale n° 22 de Paris à la Rochelle a été prolongée, sur 4.300 mètres de longueur, jusqu'au bassin de la Pallice.

Ce bassin est également en communication avec la Rochelle par des chemins de grande communication et par la route départementale n° 21, de la Rochelle à la Repentie.

CHAPITRE III.

DESCRIPTION DES PRINCIPAUX OUVRAGES ET EXÉCUTION DES TRAVAUX.

1° AVANT-PORT.

Le creusement de l'avant-port a été effectué à l'air libre dans deux enceintes successives de batardeaux en maçonnerie. La première enceinte était formée : au Nord, par la partie de la jetée Nord qu'on a pu fonder à l'air libre à basse mer; au Sud, par les piles de la passerelle qu'on avait reliées les unes aux autres par une muraille; à l'Ouest, par un grand batardeau en maçonnerie, de 300 mètres de longueur, établi suivant la laisse des basses mers de vives eaux. C'est par l'exécution de cette première enceinte qu'ont commencé les travaux de l'avant-port. On l'épuisa, dès qu'elle fut terminée, et pendant qu'on en extrayait à sec les 900.000 mètres cubes de déblais que comportait le creusement de cette partie de l'avant-port, on construisait, par des procédés que nous décrirons plus loin, les parties des jetées qui devaient être fondées au-dessous du niveau des basses mers. On relia, par un second batardeau, les extrémités de ces jetées et on obtint, de cette façon, une seconde enceinte qu'on mit à sec à son tour et d'où furent tirés, après la démolition du premier batardeau, 120.000 mètres cubes de déblais.

Au delà du batardeau du large, il restait encore, pour dégager complètement la passe d'entrée jusqu'à la profondeur de 5 mètres sous les plus basses mers, à enlever 12.000 mètres cubes de déblais sous-marins. L'enlèvement de ces déblais et des parties sous-marines du batardeau du large a été effectué au moyen d'une puissante drague à vapeur, dont le travail était aidé, pour la démo-

lition du batardeau par des dislocations préalables de la maçonnerie avec des mines de dynamite.

Tous les ouvrages de l'avant-port ont été fondés sur le rocher
qui constituait la plage et le fond de la mer jusqu'à l'extrémité des
jetées; on a pu, dans ces conditions, établir les jetées avec des parements presque verticaux ou à faibles redans qui permettent aux
navires de les ranger de très près et même de les accoster et de
s'y amarrer. Dans les parties des jetées qui ont été fondées à la
marée, le parement extérieur est d'une seule venue, depuis le
haut jusqu'au fond de l'avant-port.

Les parties des ouvrages du large qui ont été construites à l'air
libre, soit en profitant du jeu des marées, soit à l'intérieur des enceintes épuisées, ont été d'une exécution relativement facile et n'ont
pas exigé l'emploi de procédés qui ne fussent connus déjà. Il n'en
a pas été de même pour les parties des jetées qui, avec le batardeau du large, ont constitué la seconde enceinte de l'avant-port.
On a fait usage, pour les fondations sous-marines de cette enceinte,
d'engins d'une nature spéciale, dont la description et le mode
d'emploi ont fait l'objet d'un important mémoire de MM. Thurninger,
ingénieur en chef, et Coustolle, ingénieur ordinaire, inséré dans
les *Annales des ponts et chaussées* (2ᵉ semestre 1889), et d'où nous
avons extrait les renseignements qui suivent.

La jetée Sud, sur une longueur de plus de 300 mètres, et la
jetée Nord, sur une longueur de plus de 100 mètres, devaient
être fondées au-dessous du niveau des plus basses mers.

Pour rendre ces jetées accostables et en faire d'ailleurs des batardeaux étanches, il fallait que leur fondation fût constituée par
des massifs compacts de maçonnerie, permettant de se contenter,
à la base des ouvrages, d'une largeur peu supérieure à celle qu'il
était suffisant de donner aux parties hautes.

Le cahier des charges de l'entreprise portait que les fondations
seraient constituées par de grands blocs de maçonnerie, de 20 mètres de longueur et 8 mètres de largeur, séparés par des intervalles

de 2 mètres et arasés à la cote (1.50); le choix des moyens d'exécution était laissé à l'initiative des entrepreneurs. Au-dessus de cette série de blocs, s'élevait le corps de la jetée qui franchissait par de petites voûtes surbaissées, de 3 mètres de portée, les vides régnant entre les blocs. La cote d'implantation des blocs était variable suivant la profondeur du fond.

Le profil de cette partie des jetées est indiqué (fig. 3).

Fig. 3. — Coupe transversale des jetées.
Échelle de 0,005.

Partie fondée à l'air comprimé

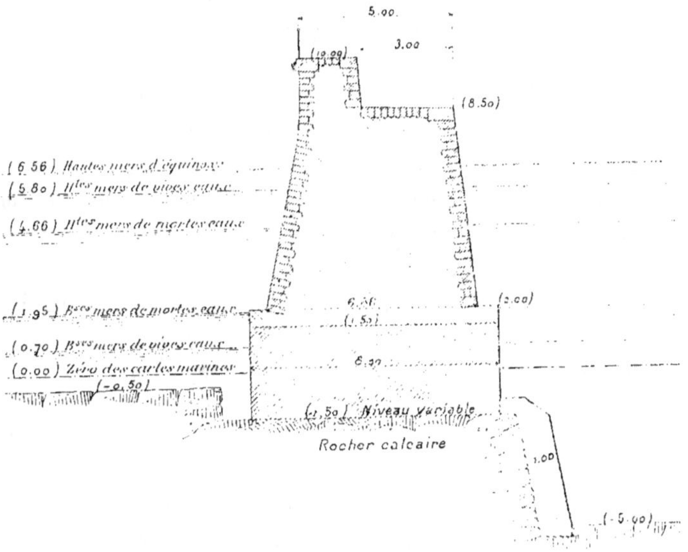

Les entrepreneurs, MM. ZSCHOKKE et TERRIER, proposèrent à l'Administration de faire usage, pour l'établissement des blocs de fondation, de caissons mobiles, susceptibles d'être à volonté échoués ou mis à flot et qui, fonctionnant à la manière de vastes cloches à air, serviraient successivement pour la construction de tous les blocs,

sans aucune interposition de métal à l'intérieur des maçonneries.
Malgré les abris que fournissaient à cette côte les îles de Ré et d'Olé-
ron, on n'en était pas moins placé en pleine mer, et la tentative
était hardie; elle parut l'être trop au début, car un terrible oura-
gan, arrivé le 6 mars 1885, coûta la vie à plusieurs ouvriers qui
étaient employés dans l'un des caissons seul en fonction alors. L'exa-
men des circonstances dans lesquelles l'événement s'était produit,
permit de reconnaître que l'accident n'était pas dû à un vice fonda-
mental du procédé de construction et que les travaux pouvaient
être continués sur le même plan et avec les mêmes appareils, sans
qu'on eût à craindre, pour l'avenir, moyennant certaines précautions que cette malheureuse expérience suggéra, le retour d'acci-
dents pareils. L'événement a justifié ces prévisions, car les travaux
se sont poursuivis et achevés sans autre accident de personnes,
bien que de nombreuses tempêtes aient assailli le chantier et
causé, à plusieurs reprises, des avaries de matériel.

Les mêmes caissons devaient servir à l'exécution des déblais
sous-marins que comportait le creusement de l'avant-port, au large
du batardeau de 300 mètres; mais on reconnut plus tard que ce
procédé de déblaiement serait trop coûteux, trop lent et trop dan-
gereux, et on décida d'établir un batardeau fermant la passe d'entrée de l'avant-port, et fondé de la même manière que les jetées.
Cette solution entraînait l'obligation de fermer les intervalles de
2 mètres qui régnaient entre les grands blocs. Ces jonctions des
blocs furent aussi exécutées au moyen de l'air comprimé, à l'aide
de panneaux métalliques appliqués à l'extrémité de chaque pertuis,
et constituant, avec la voûte en maçonnerie, percée pour l'introduction d'une cheminée, un véritable caisson.

Description des caissons mobiles. — Les caissons mobiles, au
nombre de deux, qui furent employés pour la construction des
blocs, étaient constitués de la manière suivante :

Le caisson avait 22 mètres de longueur, sur 10 mètres de lar-

geur, il comprenait (fig. 4) une chambre de travail C, de 1^m.80
de hauteur, surmontée d'une autre chambre étanche E, de même
étendue en plan et de 2 mètres de hauteur. Cette seconde chambre,
appelée chambre d'équilibre, pouvait communiquer avec l'extérieur par un conduit coudé T descendant du plafond de la chambre
de travail, et débouchant à l'extérieur à travers l'une de ses parois:
un robinet-vanne R, manœuvré de la chambre de travail, permettait
d'interrompre ou de rétablir cette communication. Six clapets établis dans le plafond de la chambre de travail et pouvant être ma-
nœuvrés des parties hautes de l'appareil, permettaient de faire
communiquer la chambre d'équilibre avec la chambre de travail.
Enfin, un trou d'homme, fermé au besoin par un autoclave à char-
nière, était pratiqué sur le pont de la chambre d'équilibre.

Les parois de la chambre de travail étaient consolidées par des
contre-fiches triangulaires placées tous les mètres; et des poutrelles
à treillis, placées également tous les mètres, dans le sens transversal
du caisson, reliaient le plafond de la chambre de travail au plafond de la chambre d'équilibre.

Quatre cheminées montaient dans la chambre de travail, tra-
versaient la chambre d'équilibre, et se terminaient par des écluses
à air au-dessus d'une plate-forme située à 7^m,23 au-dessus du pont
et supportée par une charpente métallique montée sur le caisson.

Deux de ces cheminées AA étaient parcourues par des bennes
et servaient à monter les déblais ou à descendre les moellons; les
bennes étaient actionnées par de petits moteurs à air comprimé,
montés sur les écluses à air. Les deux autres cheminées BB servaient pour le passage des ouvriers, et, à l'aide de petits sas latéraux, pour la descente du mortier.

Vingt-quatre vérins étaient disposés au pourtour de la chambre
de travail; ces vérins se composaient d'une tige d'acier filetée de
90 millimètres de diamètre extérieur, mobile dans un écrou relié
invariablement au plafond de la chambre et engagée, à son extrémité inférieure, dans un patin carré en fonte de 0^m,60 de côté;

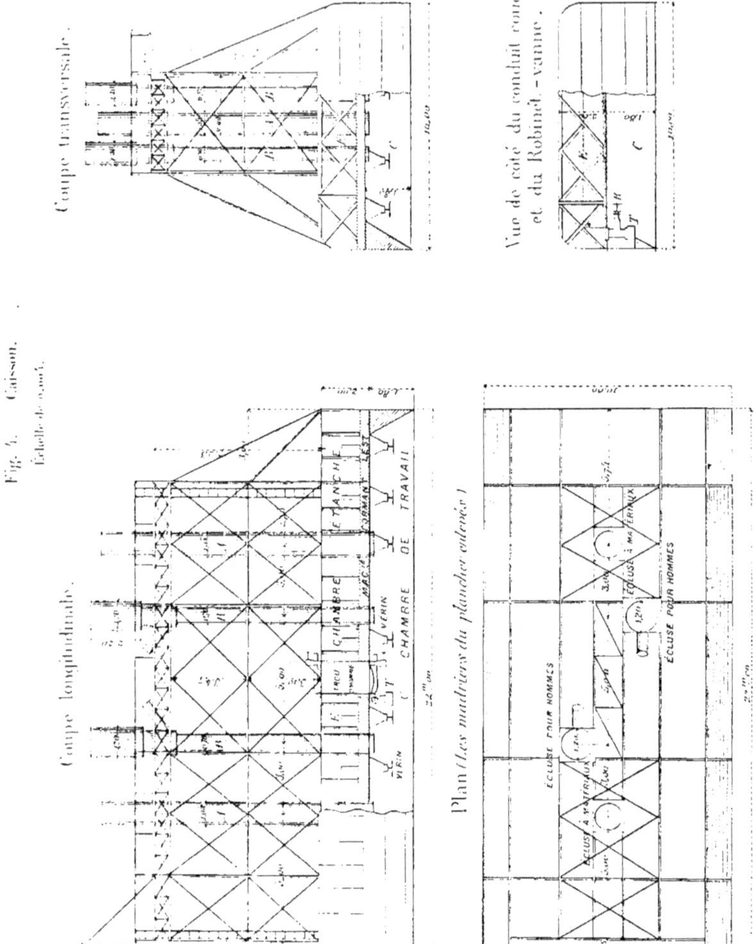

on donnait le mouvement à la vis à l'aide d'un levier et d'un système simple d'encliquetage, et le patin pouvait prendre, entre le niveau du tranchant du caisson et l'extrémité supérieure de sa course, au moment où il arrivait près de l'écrou, un déplacement vertical de 0^m.80.

Le caisson avait un lest fixe constitué par une couche de maçonnerie de 0^m.30 d'épaisseur, établie dans la chambre d'équilibre, sur le plafond de la chambre de travail, et par un prisme de maçonnerie établi tout autour de cette dernière chambre, entre les contre-fiches.

Ainsi disposé, et la chambre d'équilibre étant à sec, le caisson avait un poids total de 406 tonnes; il flottait avec un tirant d'eau de 3^m.40. Des treuils disposés sur la plate-forme supérieure, et agissant sur des chaînes frappées sur des bouées, permettaient de le déplacer.

Construction d'un bloc et déplacement d'un caisson. — Le caisson étant à flot, on l'amenait, à l'aide de ses chaînes et de ses treuils, à l'emplacement que devait occuper le bloc nouveau à construire; cette opération avait toujours lieu, pour la raison qui sera indiquée plus loin, au moment d'une vive eau et naturellement par beau temps; le caisson flottant avait un tirant d'eau de 3^m.40; selon le niveau du fond, à l'endroit où l'on se trouvait, le caisson devait, au moment de la basse mer, soit s'échouer, soit être coulé. Dans un cas comme dans l'autre, avant que le caisson touchât le fond ou fût coulé, on rectifiait sa position en raidissant les chaînes, puis, dès que les premiers talonnages se faisaient sentir dans le premier cas, ou dès qu'on jugeait le moment opportun dans le second, on ouvrait les clapets qui mettaient la chambre de travail en communication avec la chambre d'équilibre; l'eau s'introduisait par là dans cette dernière chambre, et, peu après, le caisson était échoué. On chargeait alors son pont d'un lest mobile en gueuses de fonte pesant 230 tonnes; on scellait sur le bloc précédemment construit des fermes légères en fer, pour prolonger la passerelle de service, établie sur la jetée, jusqu'à la nouvelle position du caisson; on rétablissait les conduites d'air, on fermait les clapets et on com-

primait. Ces opérations demandaient. en général. deux ou trois
marées.

Partout. le fond était rocheux; mais il y avait, à la surface. une
petite couche de vase ou de pierrailles. et, de plus. les premiers
bancs étaient toujours plus ou moins fissurés et disloqués; il fallait. avant d'asseoir la maçonnerie. pratiquer un déblaiement qui
atteignait. en général. 0ᵐ.80 à 1 mètre de profondeur; cette opération se conduisait comme avec tous les caissons à air comprimé
et ne présentait rien de particulier. Puis. on commençait les maçonneries qui étaient en moellons bruts. provenant des fouilles du
chantier. hourdés avec du mortier de ciment Portland. au dosage
de 500 kilogrammes par mètre cube de sable.

Une première couche de maçonnerie de 0ᵐ.80 d'épaisseur étant
construite. on y faisait reposer les patins en fonte des 24 vérins.
puis. grâce à ces 24 points d'appui. on soulevait tout l'appareil.
en agissant simultanément sur les 24 vérins; le soulèvement était.
en général. de 0ᵐ,40 à 0ᵐ,50; on assurait alors la position du
caisson. pour plus de sûreté. avec quelques calages en bois. ou de
petits massifs isolés de maçonnerie montant jusqu'au plafond; on
soulevait ensuite de proche en proche les patins des vérins, d'une
hauteur égale au soulèvement du caisson, on établissait de la maçonnerie au-dessous d'eux et on les faisait reposer de nouveau. La
couche de maçonnerie était complétée après cela sur toute l'étendue du bloc. et on pouvait opérer un soulèvement nouveau du
caisson. Et ainsi de suite. en procédant par couches de maçonnerie
de 0ᵐ.40 à 0ᵐ.50 d'épaisseur.

Pendant toutes ces opérations. la chambre d'équilibre était en
communication avec l'extérieur. à l'aide du conduit coudé passant
dans la chambre de travail. et dont. dès la première descente dans
le caisson. on avait ouvert la vanne; le trou d'homme du pont du
caisson restait également ouvert.

Selon l'état de marée et la position du caisson. le poids de l'appareil. déduction faite du déplacement. variait entre 636 tonnes

et 110 tonnes; le premier chiffre correspond au cas où, un bloc étant terminé, ou près de l'être, le caisson était tout entier hors de l'eau, à basse mer : 636 tonnes est, en effet, le total du poids propre du caisson et de son lest mobile; le dernier chiffre correspond au cas où le caisson et ses cheminées étaient entièrement immergés. On choisissait naturellement, pour effectuer le soulèvement du caisson, les moments de pleine mer, afin de diminuer l'effort à exercer sur les vérins.

La maçonnerie des blocs s'exécutait à l'air comprimé jusqu'à la cote (1.50). Quand on en était là, on quittait la chambre de travail, en fermant, à basse mer, c'est-à-dire à un moment où la chambre d'équilibre était vide, la vanne du conduit coudé; la chambre d'équilibre repassait ainsi à l'état de flotteur; on enlevait le lest mobile en gueuses, on rompait toutes les communications du caisson avec la passerelle d'accès, et, à mer montante, on laissait la chambre de travail se remplir d'eau. Quand le niveau de la marée était tel que le caisson se trouvait immergé de 3^m.40, son déplacement devenait égal à son poids propre, et il se soulevait; à la pleine mer, il fallait que le niveau de l'eau fût tel que le tranchant du caisson pût passer au-dessus du bloc, avec un jeu suffisant. Or, le caisson reposant, par les patins de ses vérins (lesquels étaient à bloc près des écrous, afin qu'aux premiers moments du soulèvement les talonnages ne puissent briser les vis), sur une maçonnerie arasée à la cote (1.50), le tranchant du caisson descendait à la cote (0.70); pour que ce tranchant pût passer avec un jeu suffisant (eu égard à la petite houle qui régnait presque toujours) au-dessus du bloc, il devait monter jusqu'à la cote (2.00) au moins. Le caisson calant 3^m.40, la mer devait donc se trouver à la cote (5.40), ce qui est une cote de vive eau : c'est pour cette raison, et aussi pour pouvoir, à basse mer, accéder sur le dessus du bloc terminé, pour le scellement de la passerelle, que les déplacements de caissons s'opéraient toujours au moment des vives eaux.

Le caisson étant déplacé, on le coulait à la basse mer suivante.

comme il a été dit plus haut, et les mêmes opérations se reproduisaient, dans le même ordre, pour le bloc suivant.

Les blocs étaient ensuite, à l'air libre, arasés à la cote (2,00), niveau à partir duquel commençait le corps de la jetée, comme on l'a vu plus haut sur le profil de cet ouvrage.

Les blocs se trouvent ainsi fondés à des niveaux variables, au-dessus du fond de l'avant-port, cote (—5,00); par suite de la création du batardeau du large et de la constitution d'une enceinte épuisée, on put, à l'air libre, revêtir de maçonnerie la paroi de la fouille au pied des blocs, comme l'indique le profil; la conservation du terrain de fondation des jetées est ainsi complètement assurée.

Jonction des blocs. — Le problème de la jonction des blocs a été résolue de la manière la plus heureuse par les entrepreneurs. On obtint, en effet, une enceinte complètement étanche dans laquelle ne pénétrait que l'eau, peu abondante du reste, provenant des sources du sous-sol.

Le procédé consistait à constituer un caisson mixte à l'aide de la propre voûte de la jetée, continuée, à ses extrémités, jusqu'à l'aplomb du parement longitudinal des blocs, et de panneaux métalliques appliqués à chaque extrémité du pertuis, et reliés l'un à l'autre, à l'intérieur du pertuis, par des tirants munis de tendeurs. La voûte était percée et surmontée d'une cheminée et d'un sas à air, ce dernier placé au niveau de la passerelle de service, à 2 mètres au-dessus des plus hautes mers.

La clef de la voûte étant à la cote (2,50), on construisait la maçonnerie de la jetée, au-dessus du pertuis, jusqu'à la cote (5,00) environ. A ce niveau on plaçait, transversalement à la jetée, deux fortes poutres s'avançant, de part et d'autre, au delà des têtes de la voûte, et portant, à leurs extrémités, des treuils pour servir à la mise en place des panneaux métalliques.

Ces panneaux, préparés à l'avance, et amenés à pied d'œuvre

Fig. 5. — Jonction des grands blocs.
Échelle de 0,008.

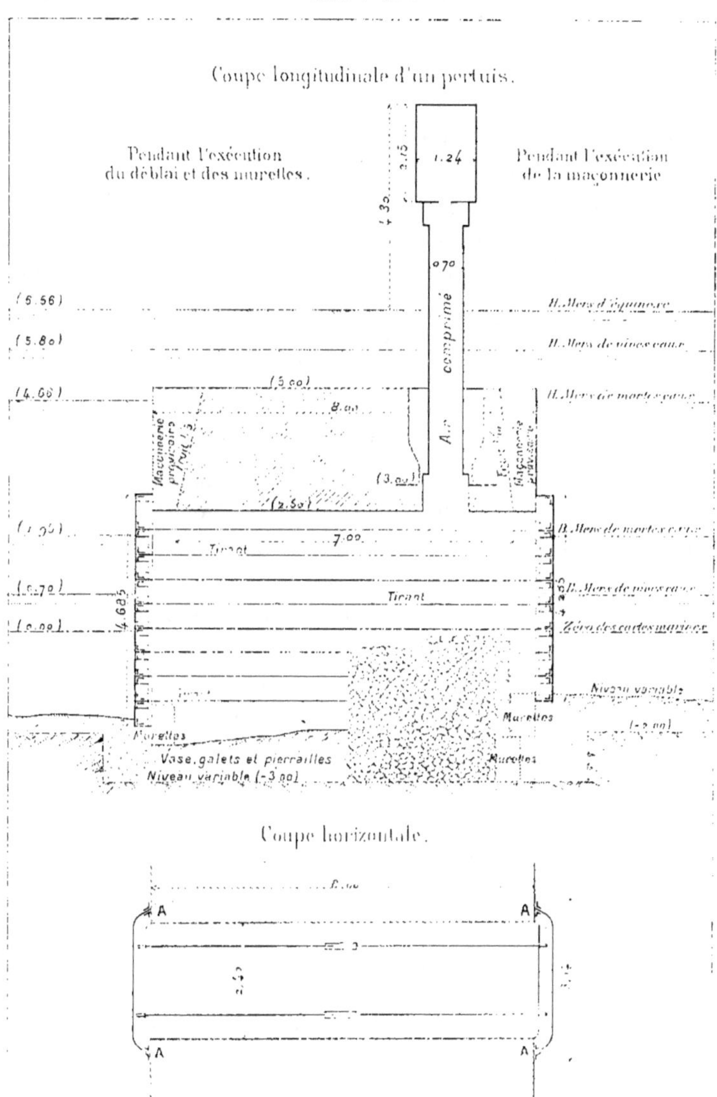

sur des chalands, se composaient d'éléments horizontaux de $0^m.40$
à $0^m.60$ de hauteur, boulonnés les uns avec les autres par l'intermédiaire de bandes de caoutchouc; on mettait un nombre plus
ou moins grand d'éléments selon la hauteur du pertuis que l'on
avait à fermer: l'élément du haut avait une forme polygonale pour
embrasser la tête de la voûte.

Les panneaux ainsi montés constituaient une forte cloison de
$3^m.40$ de largeur, renforcée par des nervures intérieures, et présentant, tout au pourtour une surface d'appui AA (fig. 5), pour s'ap-
pliquer contre la maçonnerie; en même temps, la multiplicité des
joints et l'introduction, dans chacun, d'une bande de caoutchouc, don-
naient à l'ensemble une certaine flexibilité et facilitaient l'application contre les parements des blocs, quelquefois un peu irréguliers.

Ces panneaux étaient descendus, à l'aide des treuils, devant les
têtes du pertuis, au moment d'une basse mer de vive eau; aussitôt, on descendait par la cheminée un certain nombre de tirants,
formés de barres de fer rond articulées, et munis chacun d'un
tendeur: on en fixait les extrémités aux nervures des éléments,
vers le haut des panneaux, au-dessus du niveau de l'eau; le ser-
rage fait, on graissait avec de l'argile les joints des panneaux et le
joint d'appui contre les maçonneries, et on pouvait commencer à
comprimer; peu à peu, et à mesure que le plan d'eau s'abaissait,
on plaçait de nouveaux tirants et on graissait les joints mis à dé-
couvert. On arrivait ainsi jusqu'au bas des panneaux; là, on rencontrait avant le fond naturel un amas de pierrailles et de débris
provenant des déchets de la construction des blocs; on soudait à
ces débris le bas des panneaux, à l'aide de sacs de ciment, et on
commençait à déblayer en soutenant les débris restés sous les panneaux et à l'extérieur, à l'aide de petites murettes de maçonnerie
au ciment prompt, que l'imperméabilité relative de cet amas mar-
neux permettait de construire. Ces murettes, qui formaient comme
un prolongement des panneaux, permettaient d'atteindre le niveau de la fondation des blocs, et on commençait alors la maçon-

IMPRIMERIE NATIONALE.

nerie. Au fur et à mesure de son élévation, les tirants qu'on rencontrait étaient remplacés par de courtes tiges de fer, recourbées et engagées dans la maçonnerie, et reliées aux nervures des panneaux par une goupille engagée à force par en dessous, de manière à pouvoir être plus tard repoussée par en dessus, pour dégager le panneau. Quand on était arrivé à la cote (1,00) on s'arrêtait; toutes les goupilles étaient repoussées à l'aide de barres, les tirants du haut étaient démontés, et les panneaux, redevenus libres, pouvaient être repris pour une nouvelle opération.

Le reste de la maçonnerie, sous la voûte, était achevé à l'air libre, à basse mer.

Les maçonneries ainsi faites constituaient une jonction parfaite, puisqu'on avait en regard les parements des maçonneries à relier, qu'on pouvait gratter et repiquer à vif; le travail, dans ces caissons très élevés était des plus faciles, et en fait, comme on l'a dit plus haut, les jonctions ont été absolument étanches.

Ainsi les fondations des jetées sont constituées par un massif continu de maçonnerie absolument pleine et à parements verticaux, ce qui permet aux navires de ranger de très près les jetées, et même de les accoster.

Renseignements divers : grands blocs. — La construction des grands blocs, commencée en mai 1884, a été terminée en juin 1888, avec des interruptions motivées par diverses causes. Pendant ce laps de temps, les deux caissons ont construit 24 blocs, dont 15 pour la jetée sud, 5 pour la jetée nord et 4 pour le batardeau du large; le 15e bloc de la jetée sud est un bloc accolé longitudinalement au 14e, pour former la fondation du musoir; à la jetée nord, l'élargissement du musoir a été obtenu par une fondation à l'air libre, faite à l'intérieur de l'enceinte épuisée.

La cote d'implantation de ces 24 blocs a varié de (- 0,76) pour le premier bloc de la jetée sud, à (- 5,35) pour les deux derniers, et leur hauteur, jusqu'à la cote (1,50), de 2m,26 à 6m,85.

Le cube total de la maçonnerie de ces blocs est de 18,000 mètres; elle a été payée aux entrepreneurs 70 fr. 49 le mètre cube, le ciment étant fourni par l'administration, ainsi que les moellons qui proviennent des fouilles et n'entrent dans le prix que pour une faible indemnité de triage.

Jonction des blocs. — Les travaux de jonction des blocs ont commencé en novembre 1886 et ont été terminés en mars 1888.

Le procédé ci-dessus décrit a été appliqué à 16 pertuis seulement, les autres pertuis, situés entre les premiers blocs des jetées, ayant pu être fermés à l'air libre, à l'abri de batardeaux de marée.

La hauteur des caissons mixtes, mesurée depuis la cote d'implantation des maçonneries jusqu'à la clef des voûtes, a varié de $3^m,80$ à $7^m,35$.

Le cube de la maçonnerie exécutée à l'air comprimé, mesurée jusqu'à la cote (1.00), est de 1.135 mètres; elle a été payée aux entrepreneurs 70 fr. 49, comme celle des grands blocs.

Prix de revient des fondations des jetées. — La fondation des parties des jetées fondées au-dessous du niveau des plus basses mers (à l'exclusion du batardeau du large) a coûté 1.500.000 francs, y compris les fournitures de ciment Portland, les frais de surveillance, réparations d'avaries, etc.; dans ce chiffre est comprise la dépense de la fondation des musoirs, mais non celle du revêtement de la paroi des fouilles, au pied des blocs.

Le prix de revient du mètre courant de fondation est de 2.520 francs à la jetée Nord, 3.466 francs à la jetée Sud, et en moyenne pour les deux jetées, 3.225 francs.

2° APPONTEMENTS.

On a vu au chapitre II que les appontements construits dans l'avant-port, au pied du grand brise-lames, ont pour objet de per-

mettre à des navires qui auraient à faire de rapides escales au port
de la Pallice, entre deux basses mers, d'effectuer leurs opérations
dans l'avant-port, sans être obligés de franchir l'écluse et d'entrer
au bassin. Ils répondent en outre à la préoccupation qui s'était
fait jour en 1879, lors de l'enquête d'utilité publique ouverte sur

Fig. 6. — Appontements.

Coupe transversale suivant A B — Échelle de 0,00125.

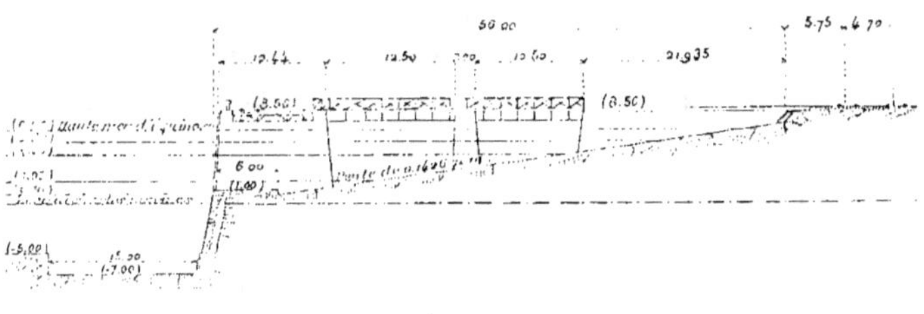

Plan — Échelle de 0,0004.

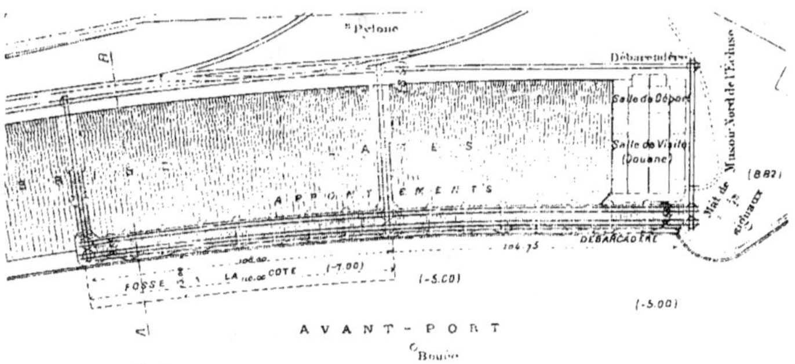

l'avant-projet du bassin, au sujet de la possibilité, pour les navires,
d'être jetés sur le brise-lames et de venir s'échouer sur le grand
plan incliné de cet ouvrage.

Ce brise-lames, de 300 mètres de longueur, est situé dans l'avant-
port, entre le musoir Nord de l'écluse et l'enracinement de la
jetée Nord; c'est un plan incliné au 18e, descendant de la cote des

terre-pleins de l'avant-port (8.56 par rapport au niveau des plus
basses mers) à la cote (1.00); sa largeur en plan est de 56 mètres:
6 mètres à la partie inférieure sont en palier à la cote (1.00); par
contre, à la partie supérieure, le talus se relève par une courbe
concave aboutissant à la cote (8.56). Ce talus, déblayé dans le rocher calcaire, devait être recouvert d'un pavage maçonné qui a été
ajourné par économie: il présente donc actuellement l'aspect d'une
grève rocheuse, terminée, à sa partie supérieure, par une murette
maçonnée fixant le bord du terre-plein.

La différence de niveau entre le pied du brise-lames cote (1.00)
et le fond de l'avant-port cote (—5.00) est rachetée par un mur
de revêtement, accolé au rocher, ayant un fruit de 1/5ᵉ, une épaisseur de 1 mètre, et relié plus intimement au rocher, tous les 7ᵐ,50,
par des contreforts intérieurs de 1 mètre de largeur et de profondeur égale. Le rocher étant sain et solide, ce mur a surtout pour
objet de prévenir les dégradations que l'action de la mer aurait
pu, à la longue, produire dans son parement.

Les appontements comprennent une suite de 16 piles en maçonnerie, élevées sur le pied du plan incliné du brise-lames, partant du musoir Nord de l'écluse et s'arrêtant à une distance de
86 mètres environ de la jetée Nord; elles supportent une série de
tabliers indépendants, à ossature métallique et platelage en charpente formant, avec le couronnement des piles, un appontement
continu de 216 mètres de longueur sur 7ᵐ,94 de largeur. Deux
voies y sont établies, l'une, du côté de l'avant-port, pour supporter
des grues à vapeur; l'autre, du côté de terre, pour la circulation
des wagons: les poutres qui supportent la première de ces voies
étant les plus fortes, cette voie peut, *a fortiori*, recevoir les wagons
en cas de besoin, notamment quand des navires voudraient dé-
charger avec les moyens du bord et ne pourraient pas atteindre la
deuxième voie avec leurs appareils.

Les navires accostent contre les avant-becs des piles qui sont
garnies de bois, à cet effet: le bord des tabliers est en retraite de

1^m,45 sur les avant-becs, et il est de plus protégé contre les abordages accidentels par un système de défenses horizontales en bois qui, se retournant en courbes adoucies sur le couronnement des avant-becs, constitue en outre une lisse continue pour le traînage des amarres, lors de la mise à quai des navires.

Deux des piles, dont celle de l'extrémité Nord de l'appontement, sont plus larges que les autres et portent, sur leur couronnement, deux encuvements pour recevoir des plaques tournantes, à la rencontre des deux voies; ces piles forment la tête de deux appontements transversaux, composés chacun, en outre, d'une petite pile et d'une longue culée, supportant un tablier de 4^m,50 de largeur qui relie au terre-plein du brise-lames les appontements longitudinaux.

Chaque appontement transversal porte une seule voie qui aboutit, d'une part, aux plaques tournantes de la pile de tête et, d'autre part, à une plaque tournante placée sur la voie ferrée qui longe le haut du brise-lames. Ce système de voie est complété par une troisième voie transversale établie sur le terre-plein même du musoir de l'écluse, et reliée, par plaques, aux deux voies des appontements longitudinaux et à la voie du terre-plein du brise-lames.

Ainsi que nous l'avons dit plus haut, l'Administration des chemins de fer de l'État a construit une salle de visite destinée à faciliter les opérations de la Douane, à l'arrivée des voyageurs débarqués par les paquebots transatlantiques. Cette salle se trouve vers l'extrémité Sud de l'appontement, dans le voisinage d'un débarcadère qui est utilisé par les petits vapeurs de service pour le débarquement des voyageurs à toute heure de marée.

Ce débarcadère n'est autre chose qu'un escalier en charpente, formé d'une succession de paliers séparés par des groupes de marches. Le palier inférieur est à la cote (1,56), niveau peu différent de celui auquel arrive le pont des embarcations à vapeur au moment des plus faibles basses mers; les autres paliers se succèdent de mètre en mètre jusqu'au niveau du tablier de l'appontement, à la cote (8.56). L'ouvrage se développe en avant de deux travées consécutives de l'appontement, la deuxième et la troisième à partir du Sud, et occupe, en plan, la zone correspondant à la saillie des avant-becs.

Quant à la fosse à la cote (—7.00), en avant des appontements, son creusement ayant été décidé après la mise en eau de l'avant-port, les dérochements furent exécutés à l'aide d'un caisson mobile de 10 mètres de longueur et 7ᵐ.50 de largeur, pouvant, à volonté, être échoué ou mis à flot.

L'exécution de ces travaux n'a donné lieu à aucun fait qui mérite d'être signalé.

3° BASSIN À FLOT.

Les fouilles du bassin ont été faites en plein rocher (étage corallien, oolithe moyenne). Les murs de quais Nord, Est et Sud de la partie du mur Ouest au Nord de l'écluse sont formés d'un simple revêtement en maçonnerie de 1 mètre d'épaisseur moyenne, soigneusement relié, au moyen de redans et d'arrachements, au rocher calcaire, ou banche, dans lequel ont été ouvertes les fouilles. Ce revêtement est renforcé et ancré dans le rocher par des contre-forts de 2 mètres d'épaisseur et 2 mètres de largeur, espacés de 15 mètres d'axe en axe. Il s'appuie, à son pied, sur un socle de 0ᵐ.50 d'épaisseur encastré dans la banche.

Une partie du quai Ouest, qui traversait une dépression profonde remplie de vase, a été fondée, sur 70 mètres de longueur, à l'aide de caissons fixes à air comprimé. Cinq blocs de maçonnerie ayant 6 mètres d'épaisseur dans le thalweg de la dépression et 3 mètres seulement sur les bords, furent descendus jusqu'au rocher solide.

La partie supérieure des blocs fut arasée à la cote (4.50), niveau moyen des vases, et, lorsque les fouilles du bassin furent achevées, on enleva les tôles des parois apparentes des caissons et

Fig. 7. — Murs de quais.
Echelle de 0,005.

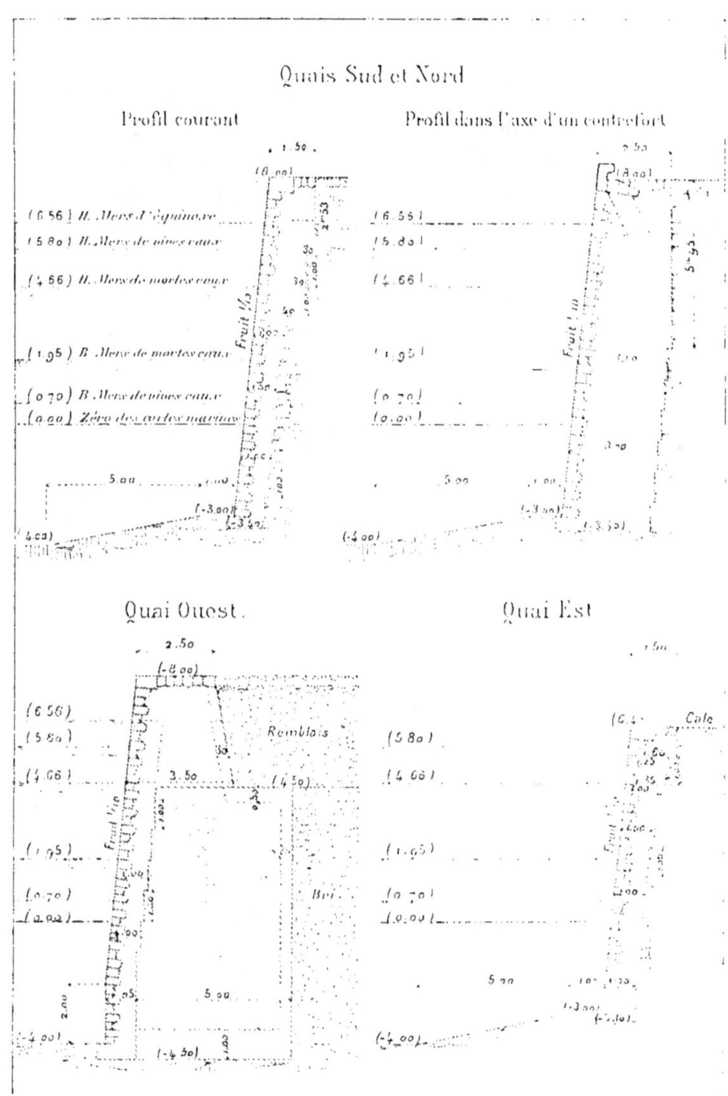

on exécuta, comme on l'avait fait pour les parties dans le rocher, le parement du mur de quai, dont la liaison avec les maçonneries des blocs fut assurée au moyen des redans préalablement ménagés dans celles-ci.

Le couronnement de tous les murs de quais a 1^m.50 de largeur entre les contreforts et 2^m.50 au-dessus de chaque contrefort. Il comprend une tablette en pierres de taille de granit de 0^m.75 de largeur, de 0^m.30 d'épaisseur, dont l'arête est arrondie suivant un rayon de 0^m.05, et une zone en pavés de granit piqués posés avec mortier de chaux hydraulique.

Le dessus du couronnement est à la cote (8.00).

Les parements extérieurs sont rectilignes et présentent un fruit de 1/10e de la hauteur; ils sont en maçonnerie de moellons bruts de choix appareillés en mosaïque. Les maçonneries de pierres de taille et de moellons de choix sont hourdées avec mortier de ciment Portland. Ce ciment a été également employé dans les massifs de maçonnerie en moellons bruts : sur 1 mètre d'épaisseur du côté du bassin et sur 0^m.30 du côté des terres, pour la partie du quai Ouest fondée à l'air comprimé, et sur toute l'épaisseur des murs pour les autres quais du bassin.

Des bollards en fonte et des boucles d'amarrage en fer forgé sont disposés alternativement de 15 en 15 mètres, au droit des contreforts. Des échelles en fonte, logées dans des enclaves en pierres de taille calcaire et descendant jusqu'à la cote (4.50), sont placées tous les 90 mètres.

La hauteur maxima des quais est de 12 mètres; la hauteur minima, de 9^m.40.

Les maçonneries de pierre de taille ont été exécutées avec mortier de ciment Portland, au dosage de 570 kilogrammes de ciment pour 0^{mc}.840 de sable. Dans les parements mosaïqués et dans les maçonneries de moellons bruts, le mortier était composé, pour une partie des maçonneries, de 425 kilogrammes de ciment Portland pour 0^{mc}.945 de sable, et pour le reste, de 500 kilogrammes de ciment pour 1 mètre cube de sable. Les blocs du quai Ouest, exécutés à l'air comprimé, sont intérieurement à mortier de chaux hydraulique au dosage de $0^{mc}.600$ de chaux en poudre pour $0^{mc}.900$ de sable.

Les matériaux employés provenaient :

Le granit, des carrières de Nantes;

La pierre de taille, des carrières de Crazannes;

Les moellons de choix pour parements, des carrières de Martrou;

Les moellons de blocage, des fouilles des ouvrages.

Le sable provenait de la côte de l'Aiguillon (Vendée).

Et la chaux hydraulique, de Richebonne, près Marans (Charente-Inférieure).

Les prix de revient par mètre courant de quai pour les profils moyens (fig. 7) ont été, y compris les épuisements, dépenses diverses et frais généraux de personnel :

Murs de quai nord et sud.....................	400 francs.
Mur de quai ouest (partie fondée à l'air comprimé).	4.500
Mur de quai est...........................	300

4° ÉCLUSE.

Dans le projet dressé en 1880, et approuvé par décision du 12 janvier 1881, on avait prévu deux écluses à sas de 22 mètres et de 14 mètres de largeur, séparées par un bajoyer de 10 mètres d'épaisseur. La grande écluse, de 130 mètres de longueur utile, devait être munie de deux paires de portes d'èbe; l'autre, de trois paires de portes d'èbe formant deux sas ayant respectivement 80 mètres et 54 mètres de longueur utile. Chaque écluse devait, en outre, être munie d'une paire de portes de flot busquées du côté de l'avant-port.

Ce premier projet fut modifié par une première décision du

3 août 1882 qui prescrivit de porter à 165 mètres la longueur utile de la grande écluse; une autre décision du 4 juin 1883 autorisa la construction, dans cette même écluse, d'une chambre de portes intermédiaires. Enfin, une circulaire du 21 février 1884 ayant fait connaître que l'exiguïté des ressources disponibles à cette époque, pour l'exécution des grands travaux publics, imposait à l'Administration l'obligation de restreindre au minimum possible les entreprises engagées, il fut décidé qu'on ajournerait la construction de l'écluse de 14 mètres, dont on ne ferait que les têtes, qu'on supprimerait la plus grande partie du radier de l'écluse conservée, et que la construction des portes d'èbe intermédiaires et des portes de flot serait ajournée. Mais on obtint de l'Administration qu'elle autorisât la construction des portes de flot, qui ont permis de mettre l'eau dans l'avant-port pendant qu'on achevait à sec les ouvrages intérieurs du bassin, notamment les formes de radoub, ces portes ne sont, du reste, que des portes de garde et ne jouent aucun rôle dans les sassements.

Il n'y a donc actuellement qu'un grand sas de 165 mètres de longueur utile, muni de deux paires de portes d'èbe et d'une paire de portes de flot.

Les portes d'èbe intermédiaires n'ont pas été construites; on a seulement scellé dans les maçonneries les pivots, butées et ancrages des colliers. Des feuillures ont, en outre, été ménagées dans le voisinage des têtes pour permettre la fermeture de l'écluse au moyen de bateaux-portes.

On n'a exécuté aucun radier entre les chambres des portes.

Les seuils des bateaux-portes et radiers des buscs et des chambres des portes sont horizontaux. Les radiers du busc aval et du busc intermédiaire sont à la cote $(-5,00)$, qui est celle de l'avant-port, celui du busc amont à la cote $(-4,00)$, qui est celle du bassin; ceux des chambres des portes sont arasés à $0^m.50$ en contrebas des buscs correspondants. Les seuils des bateaux-portes sont au même niveau que les buscs.

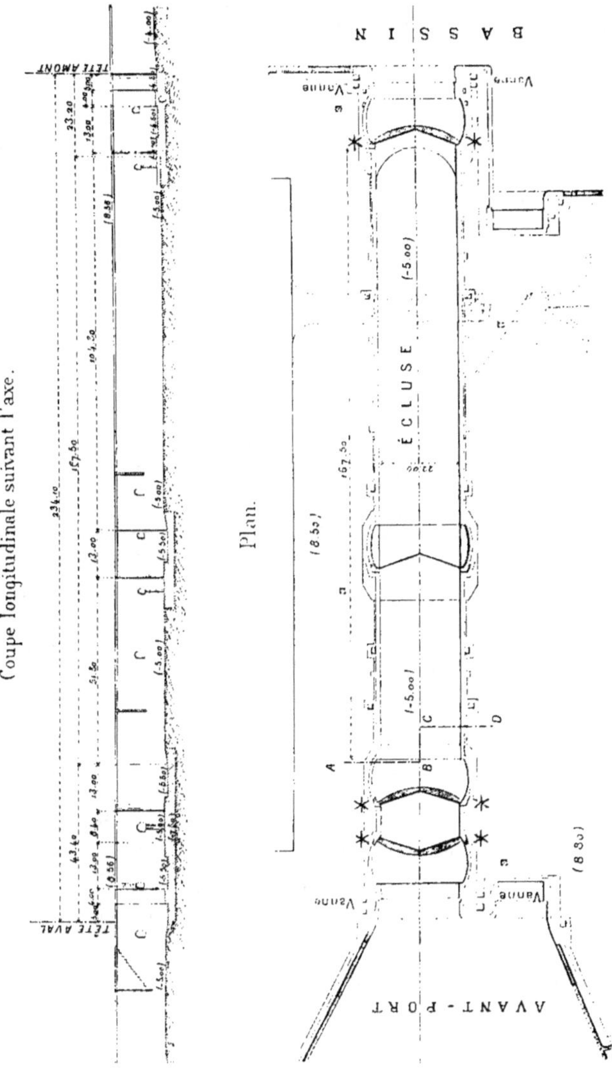

Fig. 8. — Écluse.
Échelle de 0,0015.
Coupe longitudinale suivant l'axe.
TÊTE AMONT
TÊTE AVAL
Plan.
BASSIN
ÉCLUSE
AVANT-PORT
Vanne

Les bajoyers sont verticaux sur toute la hauteur; leurs parements latéraux se raccordent avec les parements des têtes par des musoirs cylindriques de 2 mètres de rayon pour les têtes du bajoyer intermédiaire et les têtes des bajoyers de rive, côté du bassin, et de 8 mètres de rayon pour les raccordements avec les murs de l'avant-port.

Les radiers des chambres des portes ont une épaisseur de 2 mètres; ceux des buses et des seuils des bateaux-portes ont 2^m,50. On

Fig. 9. — Écluse.

Échelle de 0,003.

Coupe transversale suivant *ABCD* du plan.

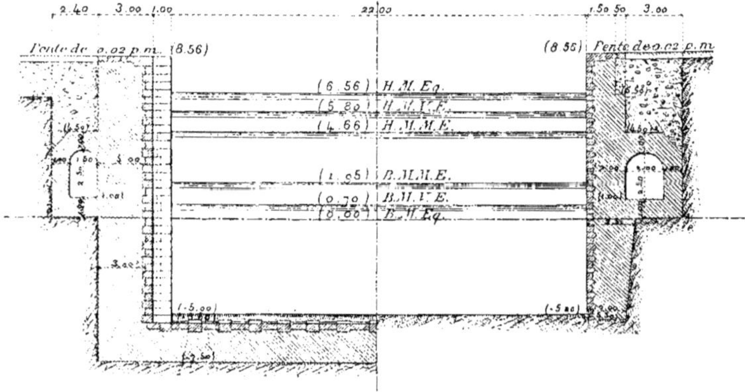

a donné aux bajoyers des épaisseurs variables commandées par les dispositions des aqueducs de vidange et de remplissage du sas, des galeries et puits de manœuvre des portes, des massifs de fondation des cabestans, etc. Leurs maçonneries, de même que celles des radiers, ont été reliées à l'aide d'arrachements avec le rocher.

Les tablettes de couronnement, les chardonnets, bourdonnières, les voussoirs des buses, les seuils et feuillures des bateaux-portes, les escaliers, la pierre du pivot, et, en général, toutes les pierres exposées à des chocs ou à des frottements, sont en granit. Toutes les parties non exposées, qui ont nécessité l'emploi de pierres d'appareil, sont en pierre de taille calcaire très dure. Les parements des bajoyers sont en moellons bruts de choix, appareillés en mosaïque.

Les parements des aqueducs sont en maçonnerie de moellons bruts ordinaires recouverts d'un enduit de 0^m,025 d'épaisseur, au mortier de ciment Portland.

Tous les mortiers employés dans les maçonneries de l'écluse sont au dosage de 500 kilogrammes de ciment de Portland par mètre cube de sable.

Aqueducs de remplissage et de vidange du sas. — Les deux aqueducs de remplissage et de vidange du sas n'ont pas la même largeur; celui qui se trouve dans le bajoyer destiné à devenir plus

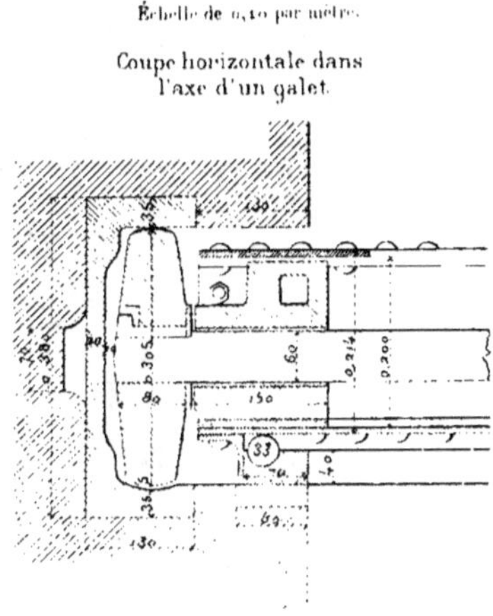

Fig. 10. — Vannes de l'écluse.

Échelle de 0,10 par mètre.

geur; celui qui se trouve dans le bajoyer destiné à devenir plus tard le bajoyer intermédiaire des deux écluses, a 2 mètres de largeur, l'autre n'a que 1^m,50. L'un et l'autre ont leur radier à la

Fig. 11. — Vannes de l'écluse.

Échelle de 0,015.

(Aqueduc de 2 mètres de largeur.)

Elévation latérale
et coupe suivant M N.

Élévation de la vanne
du côté du bordé.

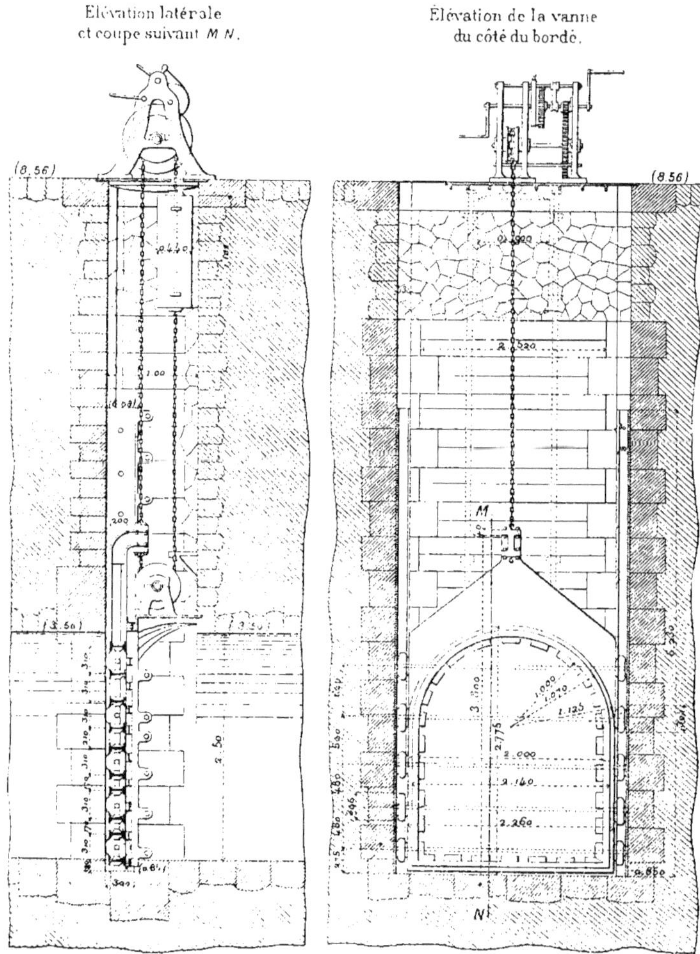

cote (1.00) par rapport au niveau des plus basses mers; ils sont voûtés en plein cintre et ont leur clef à la cote (3.50). Les vannes de ces aqueducs sont au nombre de quatre; elles sont levantes, conformément à ce qui avait été admis dans le principe et appliqué dans la disposition des maçonneries.

Afin de réduire autant que possible la durée de la levée des vannes et pour atténuer la résistance due au frottement sur les coulisseaux sous l'action de la pression, on fut conduit à substituer le roulement au glissement et à faire de la vanne un véritable chariot; à cet effet, la vanne est constituée par une série d'entretoises horizontales couvertes d'un bordé du côté amont; les entretoises sont reliées deux à deux, à leurs extrémités, par des coussinets en fonte boulonnés sur elles, et que traversent les essieux du chariot, terminés par des galets. Ces galets, qui reçoivent toute la charge, roulent sur des coulisseaux en fonte logés dans les rainures de la maçonnerie. L'étanchéité est obtenue, à l'amont de la vanne, par un cadre en bronze simplement engagé dans des cornières rivées sur le bordé et séparé de ce bordé par un bourrelet de caoutchouc qui l'applique, avec une pression déterminée à volonté par le choix de la qualité du caoutchouc et de son diamètre, contre des glissières. En outre, le cours intérieur des cornières étant interrompu de distance en distance, l'eau s'introduit librement entre le bordé et la face postérieure du cadre en bronze, sur la largeur qui reste libre à côté du bourrelet de caoutchouc, et concourt à appuyer le cadre sur les glissières et à augmenter l'étanchéité.

La voûte de l'aqueduc est interrompue immédiatement en amont des coulisseaux, à l'aplomb de la chambre des contrepoids, et elle est remplacée par un plancher en fonte qui se retourne verticalement, pour former tête de voûte, dans le plan des glissières et compléter avec elles la surface d'appui du cadre en bronze; cette pièce de fonte, consolidée par de nombreuses membrures, porte, en outre, au-dessus du plancher, des paliers qui reçoivent une poulie de renvoi.

La vanne est soulevée par une chaîne qui va passer sur la poulie à empreintes d'un treuil placé sur le bajoyer et redescend pour supporter un contrepoids en fonte; un autre brin de chaîne part du dessous du contrepoids, passe sur le plancher étanche en fonte, et va rejoindre la tête de la vanne. Ce second brin de chaîne a pour objet de permettre d'abaisser par force la vanne, dans le cas où un obstacle quelconque viendrait à contrarier son mouvement de descente sous son propre poids.

La durée de la levée complète de la vanne, avec trois hommes aux manivelles du treuil, ne dépasse pas, dans les circonstances les plus défavorables, deux minutes pour les vannes de l'aqueduc de 2 mètres et elle n'atteint pas ce chiffre pour les vannes de l'aqueduc de 1^m,50.

Portes d'écluse. — Les trois paires de portes sont exactement conçues sur le même type et ne diffèrent que par des détails. Chaque vantail des portes de flot ou des portes d'èbe d'aval comprend 10 entretoises semblables et également espacées, la plus basse au niveau même du buse, cote (— 5.00), la plus haute au niveau des plus hautes mers d'équinoxe, cote (6.56). La hauteur des portes, mesurée entre ces entretoises extrêmes, est donc de 11^m,56. La longueur des entretoises est de 12^m,40, leur hauteur, au milieu, est de 1^m,60, aux extrémités de 0^m,60; la face du côté du buse est droite, l'autre a la forme d'un arc de cercle de 1 mètre de flèche. Ces 10 entretoises, dont l'espacement est de 1^m,284, sont reliées par cinq montants verticaux également espacés, dont les extrêmes forment les poteaux tourillon et busqué; les trois autres sont destinés à donner une forte liaison aux entretoises et à répartir les pressions; celui du milieu forme une cloison étanche du haut en bas du vantail.

Le bordé est continu des deux côtés (sauf au droit des ventelles dans les portes d'èbe d'aval); l'espace compris entre la première et la cinquième entretoise, à partir du bas, forme une chambre à air

IMPRIMERIE NATIONALE.

complètement fermée, surmontée de deux cheminées montant jusqu'en haut du vantail. Au-dessus de la 5e entretoise sont ménagées de petites ouvertures dont les unes, dans le bordé plan, destinées à servir, à basse mer, pour le nettoyage de la partie supérieure du vantail sont, en général, fermées par des obturateurs amovibles, et les autres, sur le bordé courbe, destinées à faire communiquer l'intérieur du vantail avec l'extérieur, sont, en général, ouvertes et peuvent se fermer exceptionnellement à l'aide de clapets, pour les peinturages intérieurs de la partie supérieure du vantail. Dans la partie du vantail comprise entre la 5e et la 10e entretoise, à partir du bas, le niveau de l'eau suit les mouvements du niveau extérieur, du côté du bordé convexe.

Les fourrures buscantes et les fourrures d'appui contre le chardonnet et le busc sont en chêne maillé. La poussée contre le chardonnet s'exerce sur des butées en acier encastrées dans la pierre, au droit de chaque entretoise; le pivot est en acier forgé, la crapaudine en acier fondu, le tourillon supérieur en acier forgé pour trois des vantaux, en fer forgé pour les trois autres[1], et les pièces du collier en fer forgé. Le collier présente une partie mobile qui peut se relever en bloc, autour d'un gros boulon horizontal, quand on veut dégager le tourillon pour enlever le vantail. L'entretoise supérieure porte un plancher en chêne, suivi d'un escalier en fonte qui passe au-dessus du tourillon, sur lequel il prend un point d'appui, et qui aboutit aux marches pratiquées dans le bajoyer pour gagner son couronnement. Dans les portes d'ébe d'aval, 4 ventelles en fonte sont installées entre la 5e et la 6e entretoise, à partir du bas: elles découvrent chacune, quand elles sont levées, une ouverture libre de $1^{m}.216$ de largeur sur $0^{m}.50$ de hauteur, dont le seuil est à la cote (0.29). Ces ventelles et leurs tiges de manœuvre sont en arrière du bordé courbe, et ne font

[1] A la suite de diverses avaries, on a remplacé les six crapaudines primitives qui étaient en fonte par de nouvelles en acier fondu et trois tourillons brisés, en fer forgé, par de nouveaux en acier forgé.

aucune saillie sur la surface du vantail : les tiges traversent l'entretoise qui surmonte les ventelles, par un presse-étoupe.

Des crics ordinaires, placés sur la passerelle, servent à la manœuvre des ventelles.

Les portes d'èbe d'amont ne diffèrent des portes de flot que par deux points :

1° Les portes ayant 1 mètre de hauteur de moins, le nombre des entretoises est réduit de 10 à 9 et leur espacement passe de 1^m,284 à 1^m.320 ;

2° La chambre à air s'étend de la 1re à la 4e entretoise, à partir du bas, entre le montant central et le poteau tourillon, et de la 1re à la 5e entretoise entre le montant central et le poteau busqué.

Les ventelles des portes d'èbe d'aval sont destinées à permettre le sassement des bateaux quand le niveau de l'eau, dans l'avant-port, est au-dessous de la cote (1,00), qui est celle du radier des aqueducs de vidange de l'écluse.

Les portes d'écluse ont été construites en 1889 et mises en service en 1890. Le poids d'un vantail de porte de flot est d'environ 106.800 kilogrammes ; celui d'un vantail de porte d'èbe d'aval de 115.200 kilogrammes et celui d'un vantail de porte d'èbe d'amont de 96.800 kilogrammes.

Dans les plus grandes marées d'équinoxe, le poids du vantail est supérieur de 15.000 kilogrammes environ à la poussée due au déplacement.

Appareils de manœuvre des portes. — Chaque vantail est manœuvré par un appareil qui sert à la fois pour l'ouverture et la fermeture de ce vantail.

Les six appareils sont logés dans des cavités ayant 5^m,025 de longueur et 1^m.36 de largeur, pratiquées sur les terre-pleins de l'écluse et recouvertes par des plaques de fonte et de tôle striée. Une cloche de cabestan et les volants de commande des embrayages et des freins font seuls saillie sur les terre-pleins.

Chaque appareil de manœuvre comprend un arbre vertical faisant saillie sur le bajoyer et s'y terminant par une cloche de cabestan ordinaire en fonte de 1 mètre de hauteur, munie de 6 barres. L'extrémité inférieure de l'arbre repose dans une crapaudine à grain d'acier; au niveau du terre-plein, l'arbre est maintenu par une forte plaque de fonte, boulonnée sur la maçonnerie, et portant une couronne dentée pour les linguets du cabestan. Cet arbre, formé de parties de diamètres différents, reçoit, immédiatement en dessous de la plaque de fonte, un pignon d'angle, de 0^m,34 de diamètre primitif, avec dents à chevrons, tournant librement sur l'arbre.

Un second pignon d'angle, de 0^m,36 de diamètre primitif, est placé à 0^m,254 au-dessous du premier et tourne, lui aussi, librement sur l'arbre. Ces pignons sont maintenus dans leur position par une couronne en bronze fixée en dessous, et par les saillies que l'arbre présente immédiatement au-dessus de chaque pignon.

L'intervalle compris entre les deux pignons est occupé par une pièce d'embrayage, mobile parallèlement à l'arbre, mais rendue solidaire avec lui pour la rotation, au moyen d'une clavette faisant corps avec l'arbre. Cette pièce est munie, à chaque extrémité, de saillies venant s'engager dans des évidements pratiqués dans la face intérieure du pignon supérieur et dans le dessus du pignon inférieur.

La pièce d'embrayage est soutenue par une griffe mobile, portée par une console fixe en fonte, sur laquelle on agit, par quelques transmissions de mouvement, à l'aide d'un levier faisant saillie sur le terre-plein, et dont l'extrémité supérieure est pourvue de dents engrenant avec une vis sans fin commandée par un volant.

L'embrayage permet d'imprimer le mouvement de l'arbre du cabestan soit à l'un, soit à l'autre des pignons, soit enfin de faire fonctionner le cabestan, indépendamment de l'appareil de manœuvre.

Deux forts paliers, maintenus à demeure, occupent toute la

Fig. 12. — Appareils de manœuvre des portes d'écluse.

Échelle de 0,002.

Coupe longitudinale suivant l'axe de l'Écluse.

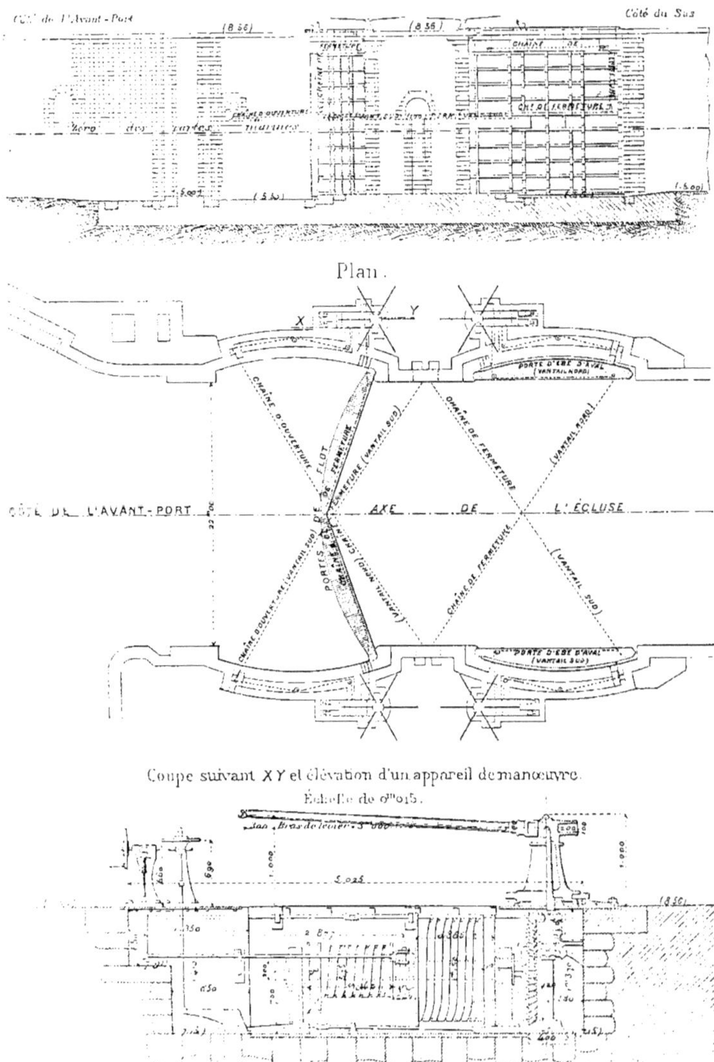

Coupe suivant X Y et élévation d'un appareil de manœuvre.

Échelle de 0ᵐ015.

largeur de la cavité et reposent sur deux plaques en fonte ; ils supportent un arbre horizontal, de 0^m,20 de diamètre, à l'extrémité duquel est clavetée une grande roue d'angle, de 1^m,13 de diamètre primitif, faisant corps avec une autre roue d'angle concentrique, de 0^m,36 de diamètre primitif. La grande roue engrène avec le pignon supérieur de l'arbre du cabestan et la petite roue avec le pignon inférieur ; elles permettent ainsi d'imprimer deux vitesses à l'arbre horizontal de l'appareil. L'arbre horizontal porte, entre ses paliers, deux tambours en fonte, munis de rainures hélicoïdales et tournant librement sur lui : l'un, de 1^m,15 de diamètre, reçoit la chaîne de 22 millimètres qui sert à la fermeture du vantail, et un second, de 0^m,575 de diamètre, sur lequel s'enroule la chaîne de 25 millimètres, servant à l'ouverture du même vantail.

Un espace de 0^m,240 sépare les deux tambours et est occupé par un appareil d'embrayage analogue à celui des pignons, mais plus robuste. La griffe qui sert à la manœuvre reçoit le mouvement d'un levier et d'un volant, semblables à ceux de l'embrayage des pignons. On peut ainsi soit embrayer un tambour, soit embrayer l'autre, soit enfin les rendre indépendants du mouvement de rotation de l'arbre horizontal du cabestan.

Chaque tambour est muni d'un frein constitué par une lame d'acier de 10 millimètres d'épaisseur, s'enroulant sur lui à l'extrémité voisine du palier. L'un des bouts de la lame est fixé au palier, mais l'autre s'assemble avec l'extrémité d'un levier coudé, relié par une tige de fer à un second levier coudé, lequel reçoit l'effort de traction exercé par l'intermédiaire d'une vis et d'un volant à main.

Les volants des deux freins et des deux embrayages sont réunis, à côté les uns des autres, sous la main du chef de manœuvre.

La cavité du terre-plein se prolonge de 0^m,40 au delà de l'espace occupé par l'arbre des tambours et ses paliers, afin qu'on puisse retirer (en enlevant les clavettes qui fixent les paliers) tout le système en arrière et changer au besoin des pièces, sans être obligé de toucher au cabestan et à son embase. Tout est d'ailleurs disposé pour rendre faciles les montages et démontages et pour rendre accessibles toutes les articulations.

La chaîne qui sert à l'ouverture est attachée à une armature rivée sur le vantail, près du poteau busqué, vers le milieu de sa hauteur, elle passe sous une poulie à axe horizontal, montée sur un support mobile autour d'un axe vertical, et placée dans une chambre ménagée dans le bajoyer ; cette chambre est surmontée d'un puits dans lequel s'élève la chaîne qui vient s'enrouler sur le tambour, après avoir passé sur des poulies de renvoi logées dans un conduit recouvert de tôles striées.

La chaîne avec laquelle s'effectue la fermeture du vantail est fixée au bajoyer opposé ; elle passe sous une poulie, mobile autour d'un axe vertical, placée dans le vantail même, vers le milieu de sa hauteur et près du poteau busqué, s'élève verticalement dans un tube, pour éviter l'introduction de l'eau dans les compartiments du vantail, s'appuie sur des poulies de renvoi placées sur l'entretoise supérieure du vantail et gagne de là le grand tambour sur lequel elle vient s'enrouler.

Pour que les chaînes de fermeture qui se croisent ne s'enchevêtrent pas, les poulies mobiles logées dans les vantaux sont situées à des niveaux différents.

Ces appareils ont été construits en 1890 et fonctionnent depuis cette époque d'une manière très satisfaisante.

L'effort à exercer pour l'ouverture d'un vantail est au maximum de 5.600 kilogrammes, en supposant qu'on commence l'ouverture avec une légère dénivellation à l'aval.

La résistance à vaincre pour la fermeture est de 3.000 kilogrammes environ.

Le temps nécessaire à la manœuvre complète d'une porte est d'environ 5 minutes.

Les vantaux se manœuvrent actuellement à bras d'hommes, mais les appareils ont été disposés pour recevoir le mouvement d'un moteur central hydraulique ou électrique, en complétant les dispositions actuelles par les organes de transmission du mouvement.

5° FORMES DE RADOUB.

Les formes sont ouvertes en plein rocher, à l'extrémité occidentale du bassin, et les maçonneries, tant du radier que des bajoyers, se réduisent à des revêtements ayant en général 2 mètres d'épaisseur. Cette épaisseur n'est augmentée que dans les parties où l'on a dû envelopper dans la maçonnerie les différents aqueducs de remplissage et de vidange.

L'exécution de ces travaux n'ayant donné lieu à aucune particularité technique qu'il soit intéressant de noter ici, on se bornera à donner la description de ces ouvrages et à justifier les dispositions adoptées.

Les formes sont placées parallèlement l'une à l'autre, suivant une direction faisant un angle de 35 degrés avec la normale au mur du quai ; la distance de leurs axes est de 40 mètres.

La forme la plus à l'Est (n° 1) est la plus grande ; sa largeur, mesurée normalement à l'axe longitudinal, est de 22 mètres, c'est-à-dire égale à celle de l'écluse d'entrée ; les bajoyers de l'entrée sont verticaux de haut en bas. Le seuil est placé à la cote (3,50). c'est-à-dire à 0^m,50 au-dessus du fond du bassin et le couronnement des bajoyers à la cote (8,00). La longueur de la forme, mesurée depuis la feuillure du bateau-porte jusqu'au pied du mur d'extrémité de la forme, est de 180 mètres.

La longueur du seuil et du pertuis d'entrée, mesurée parallèlement à l'axe de la forme, depuis la feuillure du bateau-porte jusqu'au commencement du profil courant du radier et des bajoyers est de 4 mètres.

Une autre feuillure du bateau-porte est établie à 65^m,50 de la première ; elle est pratiquée dans un pertuis de 6 mètres de longueur à bajoyers verticaux et présentant la même largeur que l'entrée, 22 mètres ; son seuil est à la cote (4,25).

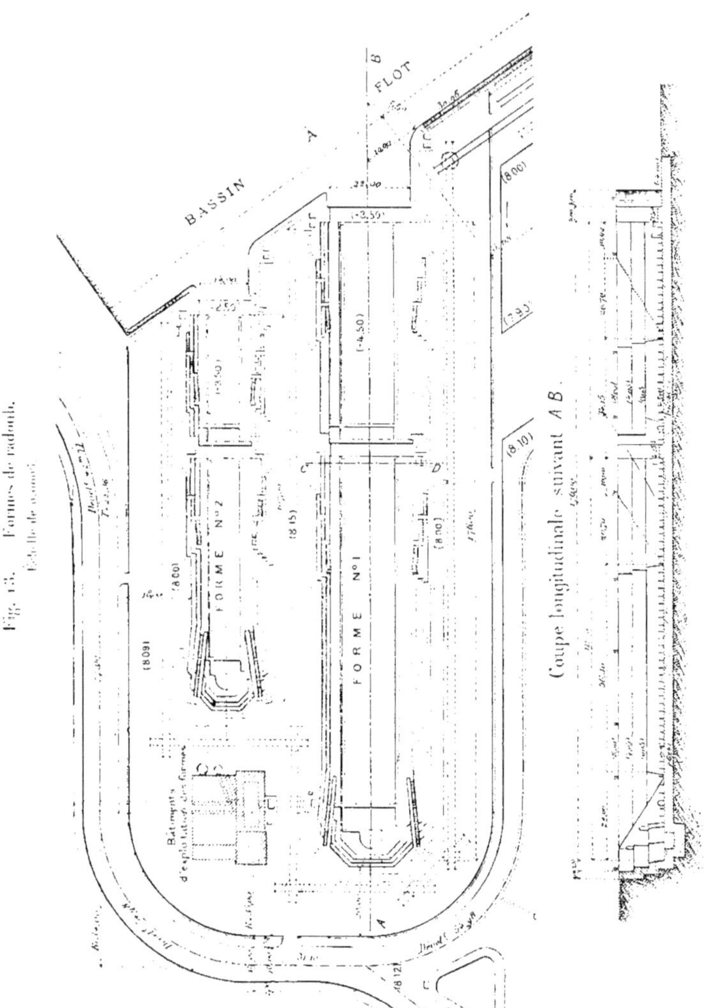

Le fond de la forme, dans le sens longitudinal, est horizontal.
Certains bassins de radoub ont le fond relevé vers l'extrémité pour

correspondre à la pente longitudinale moyenne que présente la quille des navires flottants. Le fond horizontal a paru préférable en ce que, les deux extrémités des navires ne venant pas toucher les tins simultanément, la mise en place des clefs pour l'accorage s'en trouve facilité.

D'autre part, le rassemblement des eaux à l'extrémité de la forme où sont situés les appareils d'épuisement se fait plus commodément.

La longueur de la forme, comptée depuis la feuillure du bateau-porte jusqu'au commencement de l'hémicycle ou du demi-hexagone formant l'extrémité de la forme, est de 165 mètres, égale à la longueur utile du sas de l'écluse.

La longueur sur tins, comptée depuis l'arête intérieure du seuil jusqu'au bord de la fosse à gouvernail, est de $168^m,50$.

Le radier, suivant l'axe, est à 1 mètre au-dessous du seuil d'entrée ; cela a permis, sans rien perdre du tirant d'eau disponible à l'entrée, de donner aux tins une hauteur totale de 1 mètre comprenant $0^m,80$ de tins fixes et $0^m,20$ de faux tins.

Les types de profil transversal des formes de radoub dans les différents ports sont très variés, depuis les bajoyers verticaux ou à gradin unique comme à Saint-Nazaire, jusqu'aux bajoyers à gradins tellement multipliés qu'ils ressemblent à des escaliers ; il arrive (et c'est ce qui peut expliquer cette grande variété de types) que chaque concessionnaire de formes approprie ses procédés d'exploitation au type dont il dispose, et parvient à s'en accommoder de telle sorte qu'il le considère volontiers comme le meilleur. Comme on ne pouvait se laisser guider par les habitudes locales, puisqu'il n'existait à la Rochelle aucune forme de radoub, ce sont des considérations d'économie qui ont déterminé le choix du profil des formes de la Pallice. La largeur de la forme à la base étant donnée et égale à la largeur de la passe d'entrée, il y avait économie de déblais à créer le moins de gradins possible ; il y avait également économie sur le cube des maçonneries, sur le développement superficiel des parements et sur le développement linéaire des bordures. Il y avait économie dans l'exploitation, en ce que le volume d'eau à épuiser est moindre et les accores moins longs. On y a trouvé encore cet avantage de ne pas diminuer outre mesure la largeur du terre-plein qui règne entre les deux formes, lesquelles ne sont distantes l'une de l'autre, d'axe en axe, que de 40 mètres.

La forme n° 1 a 12m,50 de profondeur; un seul gradin, placé à mi-hauteur, n'aurait peut-être pas dégagé suffisamment le bas

Fig. 14. — Forme de radoub n° 1.

Échelle de 0,003.

Coupe transversale suivant C D.

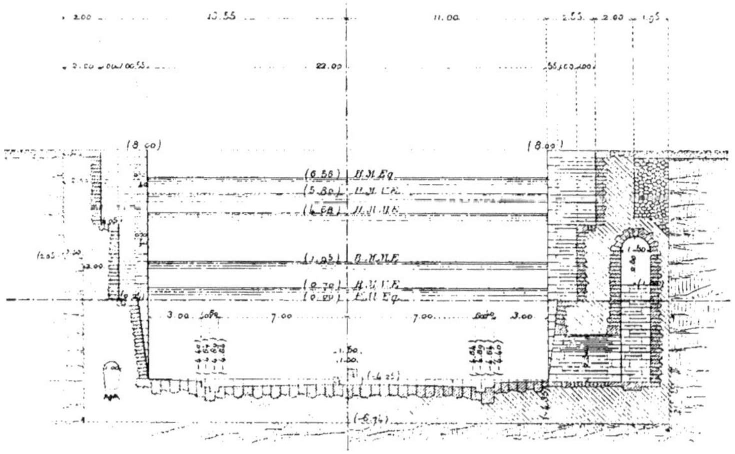

de la forme, ni laissé arriver assez abondamment l'air et la lumière dans les parties basses, quand un grand navire y aurait été échoué; le gradin unique aurait divisé la hauteur en deux parties de plus de 6 mètres chacune, et les chutes eussent été, sinon plus dangereuses, peut-être du moins plus fréquentes qu'avec un gradin de plus. C'est pourquoi on a adopté deux gradins.

Dans les formes du type admis à la Pallice, on n'avait pas à se préoccuper des cotes de ces gradins, au point de vue de l'accorage ; les abouts des étais sont supportés, le long des bajoyers, par de petits chevalets suspendus à une hiloire qui est scellée sur le bord du couronnement, dans toute l'étendue de la forme. On se contente du reste, généralement, d'une seule rangée horizontale d'étais, et si l'on avait voulu que ces étais fussent appuyés toujours sur des gradins, il aurait fallu multiplier beaucoup ces derniers, ce qui aurait occasionné, sans utilité marquée, une grande dépense supplémentaire.

Les gradins ne sont d'ailleurs réellement utiles, au point de vue des opérations proprement dites du carénage, que lorsque le navire est assez grand pour que ses flancs se rapprochent beaucoup des bajoyers, ce qui est un cas assez rare ; ils peuvent être utiles aussi pour vérifier la portée de l'about des accores contre les bajoyers, dans le cas où quelques accores auraient été dérangés après coup, ce qui est encore un cas exceptionnel. Il n'y avait donc pas là de raisons qui pussent déterminer le choix d'un niveau plutôt que de l'autre, et le plus rationnel a paru d'espacer à peu près également les gradins de haut en bas.

Le parement, depuis le radier jusqu'au gradin inférieur, est incliné pour laisser arriver plus de jour au bas de la forme ; cette inclinaison est de 1/8. Au-dessus, les parements sont verticaux. La largeur de 1 mètre donnée aux banquettes est strictement nécessaire pour qu'on puisse circuler librement. Les largeurs de la grande forme sont donc les suivantes :

Au niveau du bas des bajoyers......................... $22^m.10$
Immédiatement en dessous de la banquette infé-
  rieure... 23.10
Entre les deux banquettes............................. 25.10
Au-dessus de la banquette supérieure jusqu'au cou-
  ronnement... 27.10

Il peut arriver que, la forme n° 2 étant occupée, on ait à échouer dans la forme n° 1 un navire de commerce dont la longueur soit

de beaucoup inférieure à la longueur totale de cette forme. C'est
pour répondre à ces circonstances, et afin d'éviter d'avoir sans
nécessité à épuiser le volume entier de la forme et à inutiliser toute
son étendue, qu'on a ménagé, en un point de sa longueur, une
seconde feuillure pour le bateau-porte.

Cette seconde feuillure a été placée à une distance de 115 mètres
du pied du mur du fond de la forme, ce qui correspond à une longueur de 104 mètres sur tins. Cette longueur peut paraître criti-
quable parce qu'elle est à peu près égale à celle de la petite forme
et qu'il semblerait, *à priori*, plus logique d'avoir une forme de
longueur intermédiaire entre la forme n° 2 et la longueur entière
de la forme n° 1 ; mais ce qui a fait adopter cette solution, c'est le
désir de disposer, dans le reste de la forme n° 1, d'une longueur
suffisante pour recevoir au besoin, moyennant qu'on ait un second
bateau-porte, un navire de dimensions encore assez fortes. Avec la
division adoptée, on dispose, dans le reste de la forme n° 1, d'une
longueur de 59 mètres sur tins, qui peut encore rendre des services, tandis qu'il y aurait, avec une longueur disponible sensiblement moindre, une grande disproportion entre la longueur et la
largeur, et par conséquent des conditions d'utilisation plus défec-
tueuses.

Les feuillures du bateau-porte sont disposées de la même façon
dans cette enclave que dans la première, seulement le seuil est
placé à 0ᵐ.75 plus bas, soit à la cote (— 4.25), afin de permettre
de travailler sous la quille des navires qui utilisent la forme entière; en avant du seuil, qui n'a plus ainsi que 0ᵐ.25 de saillie au-
dessus du fond normal du radier, une rainure est ménagée dans ce
radier pour recevoir la quille du bateau-porte et donner au relief
du seuil la même hauteur, 0ᵐ.50, que dans la première enclave.
Contrairement à ce qui se fait habituellement, la fosse à gouvernail
a été placée au fond de la forme; les navires, du moins ceux qui
ont à sortir leur gouvernail, entrent par l'arrière et sortent par
l'avant, au lieu de faire l'opération inverse. Cette disposition ne

paraît présenter aucun inconvénient et offre les avantages suivants :

1° Cette fosse unique sert à la fois pour la forme entière et pour la forme réduite de 111 mètres ;

2° Placée plus loin du bassin, elle est moins exposée aux infiltrations d'eau ;

3° Placée non loin des appareils d'épuisement, on a pu y conduire directement le tuyau d'aspiration qui passe dans l'aqueduc de vidange, et elle peut être épuisée directement, sans qu'il ait été nécessaire de descendre cet aqueduc et le grand puisard des pompes encore plus bas que le fond de la fosse ;

4° Enfin, les navires ayant l'arrière à l'extrémité de la forme, on peut enlever les lourdes pièces de l'arrière, comme les hélices et le gouvernail, à l'aide d'une forte grue fixe, placée à l'extrémité de la forme, et qu'on ne saurait placer aussi commodément en aucun autre endroit des terre-pleins.

Les dimensions adoptées pour cette fosse donnent, eu égard à la hauteur des tins, 4 mètres de hauteur disponible pour dégager la tige du gouvernail.

Aqueducs de remplissage. — Les aqueducs de remplissage qui ont été ménagés dans les amorces des bajoyers des formes ont 2^m,50 de hauteur sous clef et 1^m,50 de largeur, et leur radier est à la cote (1,00) ; ils sont voûtés en plein cintre et on a ménagé, près de leur origine, une chambre pour le placement d'un barrage à poutrelles. Immédiatement en arrière de ce barrage, se trouve la chambre de la vanne. Ces chambres sont semblables à celles de l'écluse.

L'un des aqueducs, celui de l'Ouest, débouche dans la forme, immédiatement après la première feuillure du bateau-porte ; l'autre, celui de l'Est, se prolonge derrière le bajoyer et débouche après la seconde feuillure. Ils servent simultanément au remplissage, quand la forme entière est à sec, et isolément pour chacune des deux fractions de la forme quand elle est divisée.

Fig. 15. — Plan général
indiquant la disposition des aqueducs dans les formes de radoub.

Échelle de 0,0006 par mètre.

NOTA. — Les lignes pointillées indiquent le tuyautage des pompes d'entretien.

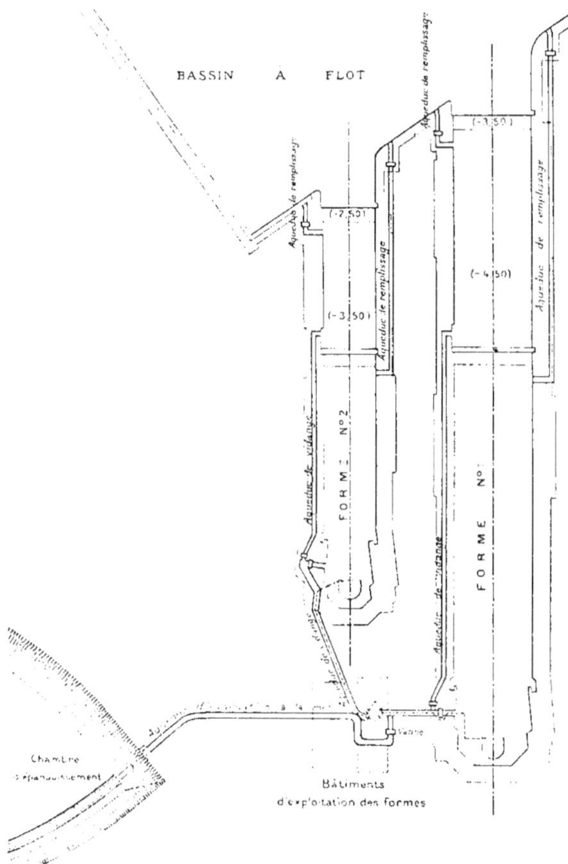

Leurs orifices, dans la forme, sont placés immédiatement au-dessus du radier, afin d'éviter les avaries que pourrait produire cette énorme chute d'eau débouchant à grande hauteur. A cet effet, un puits, ayant une section horizontale rectangulaire de $2^m,50$ sur $1^m,50$, est ménagé dans le bajoyer, au droit du débouché de chaque aqueduc dans la forme; l'aqueduc longitudinal débouche dans ce puits et un aqueduc transversal de même dimension s'en détache plus bas pour aboutir au niveau du radier.

Vannes. — Dans les vannes de l'écluse, la rapidité des manœuvres était importante et la perfection de l'étanchéité l'était moins. Pour les vannes des aqueducs de remplissage des formes, la rapidité de manœuvre a, au contraire, beaucoup moins d'importance, tandis que l'étanchéité en a davantage. On a, par suite, renoncé aux galets pour ces dernières vannes. Elles se meuvent par glissement, comme les vannes ordinaires, et la pression de l'eau sur la vanne concourt tout entière à appuyer la garniture en bronze par laquelle s'établit l'étanchéité, qui est dès lors aussi parfaite que possible; c'est à l'aval de la vanne (le côté du bassin étant considéré comme l'amont) que se trouve cette garniture. Une autre garniture a été placée à l'amont où un bourrelet de caoutchouc l'applique, de ce côté, contre d'autres glissières; cette seconde garniture a pour but de permettre, quand les formes sont épuisées, de mettre momentanément à sec, pour les visites et l'entretien, toute la chambre des contrepoids; l'eau qui s'y serait introduite peut être écoulée dans la forme à l'aide d'un robinet porté par la vanne.

D'ailleurs, le poids propre des vannes est équilibré, ici encore, par un contrepoids, et la traction s'exerce par une chaîne calibrée passant sur une poulie à empreintes. Seulement, comme la traction à exercer est plus forte que dans les vannes de l'écluse, on a dû mettre dans le train des engrenages du treuil un engrenage de plus. La durée du levage est alors plus grande et monte à 6 minutes environ, soit 3 ou 4 fois plus que dans la vanne de même dimension de l'écluse.

Aqueducs de vidange. — Les aqueducs de vidange sont également au nombre de deux, correspondant à chaque fraction de la forme ; ils sont tous deux situés dans le bajoyer Ouest. Celui qui part de la partie antérieure de la forme, un peu avant la seconde feuillure, a son radier, au départ, à la cote (-5.14) qui est celle du fond des rigoles du radier à cet endroit ; il a 1 mètre de largeur et $1^m,50$ de hauteur sous clef ; il se retourne dans l'épaisseur du bajoyer et se dirige, parallèlement à l'axe de la forme, jusqu'à la rencontre de l'autre aqueduc, présentant dans ce trajet d'environ 105 mètres une pente longitudinale totale de 46 centimètres qui amène son radier à la cote (-5.60).

Ce second aqueduc a son orifice en dessous de la glissière, à 7 mètres de distance en avant de la fosse à gouvernail ; son radier, au départ, est également à la cote (-5.14) du fond des rigoles au droit de lui ; il a $1^m,50$ d'ouverture et 2 mètres de hauteur sous clef et présente une pente assez rapide qui amène son radier au même niveau que celui du premier aqueduc, au point où ces deux aqueducs se rencontrent, c'est-à-dire à la cote (-5.60). Il se dirige ensuite avec la même section et une légère pente, vers le puisard des pompes. Un peu en amont de leur confluent, chacun des deux aqueducs est muni d'une vanne qui permet d'opérer isolément l'épuisement de l'une ou l'autre des deux parties de la forme.

Les rigoles du radier, dans la partie de la forme située entre les deux feuillures, déversent les eaux de pluie ou de suintement dans le premier aqueduc ; une rigole transversale, située au droit de l'aqueduc, met en communication ces deux rigoles longitudinales. Dans la seconde partie de la forme, une rigole transversale est également ménagée au droit de l'orifice du second aqueduc ; la rigole longitudinale, qui est du même côté que l'aqueduc, se prolonge jusqu'à la fosse à gouvernail qui peut servir de puisard, en cas d'interruption prolongée de l'épuisement, et peut être ensuite vidée à l'aide du tuyau d'aspiration des pompes d'entretien qui y plonge directement.

Tins. — Les tins sont en bois de chêne. Chaque tin est formé de cinq pièces de bois superposées formant une hauteur totale de 1 mètre, égale à la hauteur du seuil au-dessus de la ligne d'axe du radier. La largeur uniforme de ces cinq pièces est de 0^m.40. La longueur de la pièce inférieure est de 1^m.50: les autres pièces ont 1 mètre seulement de longueur; l'excès de longueur donné à la pièce du dessous a pour objet de procurer une meilleure assiette sur la maçonnerie et de permettre la fixation de la pièce sur le radier au moyen d'un boulon à chaque extrémité. La hauteur de cette pièce inférieure, dont le dessous épouse le dos d'âne du radier, est de 0^m.30 sur l'axe de la forme; les deux pièces qui sont au-dessus ont chacune une épaisseur moyenne de 0^m,20 et sont disposées en coins; la quatrième pièce a 0^m,20; enfin la dernière a 0^m,10. Cette dernière pièce n'a qu'une petite épaisseur parce que, comme elle est souvent détériorée par la quille des navires, son remplacement est moins coûteux.

Des pièces en forme de coins sont placées de chaque côté des tins, et quatre clous enfoncés, deux dans la pièce inférieure, deux dans la quatrième pièce des tins servent à fixer ces pièces et à relier tout le tin à la pièce inférieure; la pièce du dessus est simplement fixée par quelques clous.

Enfin, de petites pièces de bois engagées à force entre deux tins consécutifs et maintenues, pour plus de sûreté, avec quelques pointes, contrebutent tous les tins les uns contre les autres.

L'écartement des tins, d'axe en axe, est de 1^m.10 pour la grande forme et de 1^m.20 pour la petite. Si des navires exceptionnellement lourds, tels que certains navires de guerre, venaient dans les formes, il serait facile d'installer momentanément pour les recevoir des tins mobiles destinés à soutenir leurs flancs.

Avec les espacements ci-dessus, il entre, dans la forme n° 1, 153 tins et, dans la forme n° 2, 82.

Bornes d'amarrage. — Les bornes d'amarrage, au nombre de 20,

hauteur totale profilée par des arcs de cercle aux points de rac-
pour la grande forme, et de 14 pour la petite, sont distribuées
sur les couronnements. Elles sont destinées à fournir aux navires
des points d'amarrage pour les mouvements qu'ils ont à effectuer
dans les formes. Elles sont distantes, en moyenne, de 20 mètres
et sont semblables à celles de l'avant-port et de l'écluse.

La forme n° 2 est conçue exactement suivant le même type que
la forme n° 1. Nous avons indiqué dans le chapitre II les dimensions caractéristiques de ce second ouvrage.

Bateaux-portes : Dispositions générales. — La charpente métallique du bateau-porte de la grande forme de radoub comprend :
un pont supérieur, un pont inférieur dénommé pont étanche, une
quille, deux étambots verticaux, des poutres verticales à treillis
s'appuyant sur les ponts et la quille, des ceintures horizontales
s'appuyant sur les poutres verticales et les étambots; enfin, une
membrure verticale s'appuyant sur la quille, les ceintures et les
ponts. Une carlingue réunit tous les membres et les étambots, et
un bordé à clins enveloppe le tout. Une passerelle pour piétons et
charrettes à bras surmonte le pont supérieur.

Dimensions générales. — Ce bateau a 22^m.93 de longueur,
4 mètres de largeur hors membrures et 11^m.20 de hauteur du dessous de la quille au pont supérieur. La passerelle en porte la hauteur totale à 12 mètres.

Nature du métal. — Il est entièrement construit en acier et le
travail du métal, par les plus hautes eaux, ne dépasse pas 6 kilogrammes par millimètre carré dans toutes les parties.

Forme en plan. — La section horizontale du bateau comprend
un grand rectangle central de 16^m.40 de longueur et de 4 mètres
de largeur hors membrures, se raccordant à chaque étambot de
moindre largeur au moyen d'une partie trapézoïdale de 2^m.80 de

cordement. Les arcs de cercle qui relient le rectangle central à la
partie trapézoïdale ont 1 mètre de rayon, et ceux de raccord avec
l'étambot 0^m,50 seulement.

Fig. 16. — Bateau-porte de la forme n° 2. — Coupe transversale.

Échelle de 0,01 par mètre.

Nota. — Les cotes soulignées s'appliquent au bateau-porte de la forme n° 1.

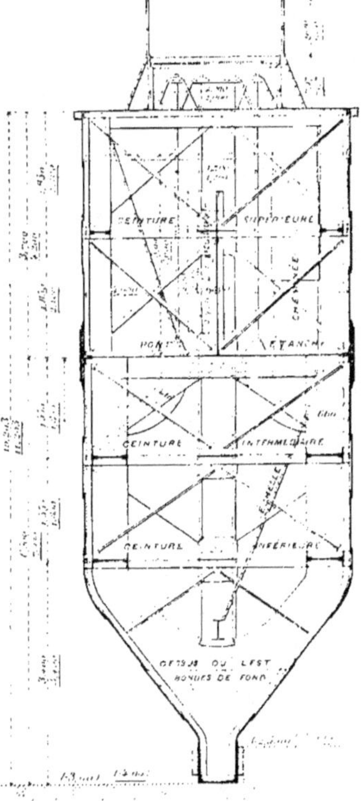

Forme en élévation. — La section verticale du bateau comprend
un rectangle de 7^m,90 de hauteur et de 4 mètres de largeur hors
membrures, au-dessous duquel se trouve une partie rétrécie ayant
exactement le même profil que les extrémités en plan du bateau,

sauf que la quille, en hauteur, a 0^m,035 de plus que l'étambot en
longueur en plan, soit 0^m,485 au lieu de 0^m,450.

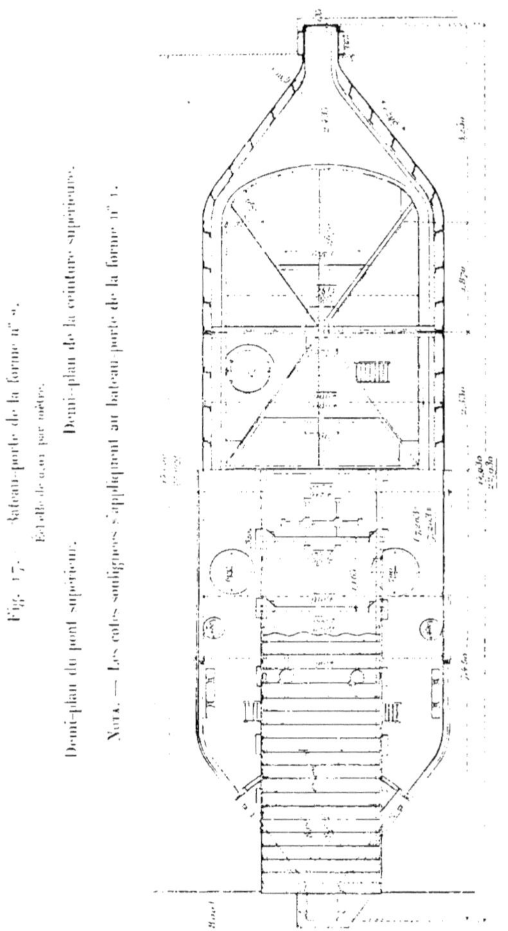

Étambots. — L'ossature comprend, dans le sens vertical :

1° Deux étambots de 0^m,50 de largeur hors cornières, et 0^m,45

de longueur, constitués par les abouts des virures du bordé et une
tôle de 15 millimètres d'épaisseur par bout. Ces étambots sont
soutenus, de distance en distance, par les abouts des ceintures et
des ponts et par des goussets horizontaux.

Fourrures en chêne et paillets en chanvre des étambots. — De chaque
côté, des fourrures en chêne, garnies de paillets en chanvre suiffé,
et intercalées entre deux cours de cornières, servent à produire
des joints étanches, lors de l'application des étambots contre les
feuillures de la maçonnerie.

Membrures et varangues. — 2° 37 membrures de 0^m,16 de hauteur, en forme de Z, formées d'une âme et de deux cornières, espacées de 0^m,55 d'axe en axe, s'épanouissant à la partie inférieure
pour former des varangues à âmes pleines pénétrant jusque dans la
quille. Ces varangues ont leur can supérieur situé à 2^m,15 de la
quille et profilé suivant des arcs de cercle.

Les membrures sont interrompues au droit du pont étanche seulement; elles s'appuient sans interruption sur les ceintures.

Poutres verticales dites aiguilles. — 3° Quatre poutres à treillis,
dites *aiguilles*, espacées de 4^m,40, allant jusqu'au bordé et tenant
lieu d'un membre; elles sont interrompues au droit du pont
étanche et se rétrécissent à la partie inférieure pour pénétrer dans
la quille.

Ces poutres à treillis comprennent 4 cornières rivées au bordé
et 2 âmes normales reliées par un treillis en cornières.

Jusqu'au pont étanche, les âmes de ces poutres ont 0^m,66 de
largeur et du pont étanche au pont supérieur 0^m,41.

Les ceintures horizontales s'assemblent sur ces aiguilles.

Dans le sens horizontal on trouve :

Quille. — 1° Une quille de 0^m,50 de largeur, hors cornières, et

0^m.5o de hauteur, formée par les bords des dernières virures et une tôle horizontale de 15 millimètres d'épaisseur. Cette quille est soutenue, tous les 0^m.55, par les abouts des varangues.

Fourrures en chêne et paillets en chanvre de la quille. — De chaque côté de la quille, une fourrure en chêne, garnie de paillets en chanvre sniffé, et maintenue entre deux cornières rivées sur la quille, sert à produire un joint étanche en s'appliquant contre le seuil de la forme.

Carlingue. — 2° Une carlingue de 0^m.35o de hauteur, en forme de I, régnant sur toute la longueur du bateau, ayant son aile inférieure rivée sur le dessus des varangues, soit à 2^m.15 de la quille.

Ceintures inférieure et intermédiaire. — 3° Deux ceintures en forme de I, formées d'une âme de 0^m.5o de hauteur et de quatre cornières, régnant sur tout le pourtour du bateau, et entretoisées chacune horizontalement par un treillis en cornières.

Ces ceintures sont interrompues au droit des aiguilles et pénètrent dans les étambots.

La première, dite *ceinture inférieure*, est située à 3^m.4o au-dessus de la face inférieure du fond de la quille; la seconde, dite *ceinture intermédiaire*, est située à 1^m.8o au-dessus, soit à mi-distance entre la ceinture inférieure et le pont étanche.

Les membrures verticales s'appuient directement sur ces ceintures et y sont rivées.

Pont étanche. — 4° Un pont étanche de 1o millimètres d'épaisseur, renforcé aux extrémités pour diminuer le travail au cisaillement.

Des semelles extérieures au bordé, de longueur variable et de 0^m.8o de largeur, le renforcent dans la partie centrale.

Au droit de chaque membrure, le pont est soutenu par des barrots en Z, de 0^m,350 de hauteur.

Ceinture supérieure. — 5° Une ceinture supérieure, en forme de I, de 0^m,25 de largeur, formée d'une âme et quatre cornières, régnant sur tout le pourtour du bateau, et entretoisée par un treillis en cornières. Cette ceinture pénètre dans les étambots et vient s'assembler sur les aiguilles où elle est interrompue. Elle est située à mi-distance entre les deux ponts, soit à 2^m,10 de l'un d'eux.

Les membrures supérieures s'appuient sur cette ceinture et y sont rivées.

Pont supérieur. — 6° Un pont supérieur de 6 millimètres d'épaisseur, soutenu au droit de chaque membrure par des barrots formés de cornières simples et de Z alternant ensemble.

Passerelle. — 7° Une passerelle constituée par des fermes rectangulaires de 2 mètres de largeur, espacées de 1^m,10, formées de cornières et rivées sur le pont supérieur. Des cornières de rive, fixées à ces fermes, reçoivent un platelage en madriers de sapin et sont surmontées d'un garde-corps en fer forgé.

Cette passerelle sert à mettre en communication les deux bajoyers, lorsque le bateau est immergé; elle permet le passage de charrettes à bras et des piétons.

Plaques mobiles raccordant la passerelle avec les bajoyers. — Chaque extrémité est terminée par une plaque en tôle striée, tournant autour d'un axe horizontal, qui se rabat pour obturer le vide compris entre les feuillures et le parement du bajoyer. Ces tôles sont équilibrées par des contrepoids et sont munies d'un secteur qui permet de les maintenir dans une position quelconque.

Bordé à clins. — 8° Un bordé variant de 8 à 14 millimètres comprenant une série de virures dont les bords sont dans des plans horizontaux. Ce bordé est rivé aux membrures, aux étambots et à la quille; il forme l'enveloppe du bateau.

La virure correspondant au pont étanche est une virure extérieure; elle est doublée intérieurement, sur sa longueur entière, d'une tôle occupant tout l'espace compris entre les deux virures contiguës.

Le bateau ainsi disposé se trouve divisé en deux parties distinctes : un compartiment inférieur compris entre la quille et le pont étanche, et un compartiment supérieur allant du pont étanche au pont supérieur.

Bondes de fond. — Le compartiment inférieur peut être mis en communication avec l'extérieur au moyen de quatre bondes de fond, deux de chaque côté du bateau, en fonte et bronze, de 0^m,20 de diamètre, disposées de telle sorte qu'en cas de rupture des tiges de manœuvre la pression de l'eau les ferme automatiquement; en outre, des tôles perforées, faisant office de crépines, s'opposent à l'introduction de corps étrangers par l'extérieur.

Elles sont placées à 0^m,255 de l'axe longitudinal et à 1^m,60 de la quille, dans l'intervalle compris entre deux varangues et se manœuvrent de la passerelle, au moyen de clefs verticales, par l'intermédiaire de tiges rigides qui traversent le pont étanche dans des presse-étoupes. Leur distance à l'axe transversal du bateau est de 5^m,217. Un seul homme suffit à les manœuvrer.

Cloison transversale inférieure. — La partie inférieure de ce compartiment est divisée en deux parties égales par une cloison transversale obturant la surface comprise entre la varangue du milieu du bateau et le niveau de la ceinture inférieure.

Cette cloison a pour but de s'opposer au déplacement brusque et total de l'eau qu'on est conduit à introduire dans la cale, lors de l'échouage du bateau, et par là d'éviter les oscillations qui pourraient se produire pendant les manœuvres.

Soupapes du pont étanche. — Le compartiment supérieur peut être mis en communication avec le bassin à flot ou la forme au moyen de quatre soupapes, en bronze, ménagées dans le pont étanche, de 0^m.40 de diamètre, munies de tuyaux débouchant dans la muraille du bateau, à 1 mètre au-dessous du pont étanche. Ces soupapes sont pourvues de guides verticaux et se manœuvrent de la passerelle, au moyen de clefs verticales, par l'intermédiaire de tiges rigides. Un seul homme suffit pour les fermer ou les ouvrir.

Cloisons longitudinale et transversale du compartiment supérieur.
La partie inférieure de ce compartiment est divisée en quatre parties égales par une cloison longitudinale de 2^m.50 de hauteur, rivée au pont étanche, et par une cloison transversale de 3 mètres de hauteur, munies de portes permettant d'accéder dans chaque partie.

Les extrémités de la cloison longitudinale s'arrêtent à des cloisons transversales rivées aux troisièmes membrures à partir des étambots, munies de trous circulaires pour l'écoulement des eaux introduites entre ces cloisons et le fond des étambots.

Lorsque le bateau est échoué, la cloison longitudinale est arasée à la cote (5.50) et la cloison transversale à la cote (6.00), ces niveaux étant pris par rapport au zéro des cartes marines.

Ces cloisons sont destinées, comme celle du fond, à s'opposer au déplacement total de l'eau introduite sur le pont étanche, lors de la manœuvre du bateau, et à éviter les oscillations qui pourraient se produire et qui auraient pour résultat de diminuer notamment la stabilité.

Les soupapes du pont étanche sont placées symétriquement par rapport à l'axe longitudinal du bateau et à 0^m.60 de cet axe; il y en a une dans chaque intervalle compris entre les cloisons, mais deux de ces soupapes écoulent les eaux par la muraille près de laquelle elles sont placées, tandis que les deux autres sont croisées et écoulent les eaux par la muraille la plus éloignée. Cette disposition a pour but de maintenir toujours horizontal le niveau de l'eau introduite sur le pont étanche, au moment des manœuvres.

Trous d'hommes. — Deux trous d'hommes, pratiqués dans le pont supérieur, permettent d'accéder dans le compartiment supérieur au moyen d'échelles en fer. Ces trous sont munis de couvercles à poignée. Leur distance à l'axe transversal du bateau est de $2^m.710$ et à l'axe longitudinal de $1^m.50$.

Cheminées. — Deux cheminées verticales de $0^m.70$ de diamètre, munies d'échelles en fer, partent du pont supérieur, traversent le pont étanche et débouchent dans le compartiment inférieur qu'elles mettent ainsi en communication avec l'extérieur.

Leur distance à l'axe transversal du bateau est de $2^m.710$ et de $1^m.228$ à l'axe longitudinal.

Vannes. — Le bateau est traversé près des étambots, dans la partie trapézoïdale, par deux conduits rectangulaires en tôle, placés entre la ceinture inférieure et la ceinture intermédiaire, ayant leur radier à 4 mètres de la quille.

Ces aqueducs sont munis, à chaque extrémité, d'une vanne en fonte glissant dans des coulisseaux en bronze, se manœuvrant de la passerelle au moyen de crics qu'un seul homme fait mouvoir. Ces conduits ont un débouché de $1^m.00 \times 0^m.60$; ils ont pour but d'opérer le remplissage de la forme lorsque les vannes de remplissage ne fonctionnent pas.

Le temps nécessaire pour mettre la forme en eau avec les deux vannes est, au maximum, de trois heures et demie.

Outillage du bateau. — L'outillage du bateau se compose de 4 organeaux placés au niveau du pont étanche, dans les parties trapézoïdales et de 4 autres organeaux placés au-dessus. En outre, 4 bittes de tournage en bois et 4 daviers en fonte placés sur le pont supérieur, aux extrémités de la partie rectangulaire du bateau, complètent cet outillage.

Les organeaux du pont étanche et les bittes du pont supérieur servent d'attaches aux câbles, préalablement fixés aux bornes d'amarrage des bajoyers, qui ont pour but de maintenir le bateau dans ses enclaves, lors de son échouage.

Lest du bateau. — La quille et les intervalles compris entre les varangues sont remplis d'un lest formé de gueuses en fonte, hourdées avec du mortier de ciment Portland. Le poids des gueuses atteint 182,800 kilogrammes et celui du mortier 41,250 kilogrammes, soit en tout 224,050 kilogrammes.

La surface supérieure de ce lest présente, dans chaque intervalle de varangues, une pente transversale qui ramène les eaux au milieu du bateau et une pente longitudinale qui fait écouler ces eaux dans les deux intervalles qui contiennent les bondes de fond. A cet effet, les varangues sont percées de trous de 25 millimètres de diamètre, dont le nombre va croissant depuis les étambots et le milieu du bateau jusqu'aux bondes de fond.

Ce lest est réglé de telle sorte que la flottaison normale du bateau soit à 0^m.20 au-dessous du pont étanche, autrement dit, que la calaison atteigne 6^m.80.

Pompes de cale. — Le bateau est muni de deux pompes destinées à épuiser l'eau du fond de la cale lorsque, pour une cause quelconque, on aura à relever le bateau, sans avoir vidé la forme. Ces pompes sont placées sur la ceinture intermédiaire, juste au-dessous des cheminées par lesquelles s'élèvent les tiges de manœuvre des pistons et les tuyaux de refoulement.

Chaque pompe est constituée par deux cylindres munis de clapets dans lesquels se meuvent deux pistons, de 0^m.10 de diamètre et 0^m,16 de course, qui aspirent l'eau par un tuyau de 40 millimètres de diamètre, terminé, à sa partie inférieure, par une crépine placée près des bondes de fond, à 0^m.50 en contre-bas. Une cloche à air, en communication avec les cylindres, sert à amortir les coups de bélier produits par les mouvements de l'eau.

Un tuyau de refoulement de 40 millimètres de diamètre, part de chaque pompe, s'élève dans la cheminée, se courbe horizontalement sur le pont supérieur et redescend à l'extérieur, le long de la muraille du bateau, sur 2^m.80 de longueur, pour former siphon; la hauteur minima d'élévation de l'eau est réduite ainsi à 6^m.80.

Des tiges verticales partent de chaque piston, s'élèvent dans la cheminée et viennent se relier à deux bielles calées à 180 degrés sur un arbre horizontal portant un pignon conique à chaque extrémité. Ces pignons engrènent avec deux roues dentées coniques montées sur deux arbres normaux au précédent, qui sont actionnés par quatre manivelles de 0^m,40 de rayon. Les arbres sont supportés par deux bâtis en fonte placés sur le pont supérieur, de chaque côté des cheminées.

Ces pompes sont capables d'élever à 10 mètres de hauteur 30 mètres cubes d'eau en deux heures. Quatre hommes peuvent les manœuvrer.

Échelles de hauteurs. — Quatre échelles de hauteurs, partant de la face inférieure du fond de la quille, sont peintes sur la partie trapézoïdale du bateau; elles servent à se rendre compte de la descente du bateau et à en constater l'échouage sur le seuil. Deux autres échelles sont peintes au milieu; leur zéro part du pont étanche: elles indiquent, à tout instant, la hauteur d'eau contenue sur ce pont, au moment de l'échouage.

Indications diverses sur le bateau : Déplacement et poids du bateau. — Le volume de carène immergé est de 422^mc.484, correspondant en eau de mer (densité : 1.026) à un poids total de matières de 433.469 kilogrammes.

La surface de la flottaison du bateau, à 0^m.40 au-dessous du pont étanche, est de 79^mq.21.

Hauteur du métacentre. — Le bras du levier métacentrique est de $0^m.842$: il résulte d'expériences directes et correspond à une très bonne stabilité.

Force ascensionnelle au relèvement. — Le poids du volume d'eau compris entre le pont étanche et la flottaison normale, sur $0^m.20$ de hauteur, constitue la force ascensionnelle minima du bateau, qui s'élève ainsi à $79,21 \times 0.20 \times 1.026$, soit à 16.254 kilogrammes. Cette force s'accroît du poids de l'eau fourni par le volume des fers immergés au-dessus du pont étanche, lorsque le bateau est échoué.

Hauteurs des marées à la Pallice. — La mer s'élève, à la Pallice, à la cote (6,56) pendant les équinoxes, à (5,80) en vives eaux et à (4,66) pendant le mort d'eau.

La mer descend à (0,00) pendant les équinoxes, à la cote (— 0,70) en vives eaux et à (+ 1,95) en mortes eaux.

Ces cotes sont prises par rapport au zéro des cartes marines, lequel est à 3 mètres en contre-bas du zéro du nivellement général de la France.

Cotes des diverses parties du bateau lorsqu'il est échoué. — Lorsque le bateau est échoué sur le seuil de la forme, à la cote (— 4,00), ses diverses parties sont aux niveaux suivants :

Les bondes du fond à la cote...............	(— $2^m.40$)
Le dessous de la carlingue à................	(— 1 85)
La ceinture inférieure à....................	(— 0 60)
Le radier des vannes à la cote.............	(— 0 00)
La ceinture intermédiaire à................	(+ 1 20)
L'axe des tuyaux des soupapes du pont étanche à.	(+ 2 00)
Le pont étanche à la cote..................	(+ 3 00)
La ceinture supérieure à la cote...........	(+ 5 10)
Le dessus de la cloison longitudinale à........	(+ 5 50)
Le dessus de la cloison transversale à.........	(+ 6 00)
Le pont supérieur à la cote................	(+ 7 20)
Et le dessus de la passerelle à la cote (niveau des bajoyers).............................	(+ 8 00)

Glissières latérales des enclaves. — La distance comprise entre le fond des feuillures ou enclaves du bateau est de 23^m,19; la longueur réelle du bateau étant de 22^m,95, la différence, 0^m,24, est rachetée par deux glissières en bois de sapin de 0^m,10 d'épaisseur, laissant un jeu de 0^m,02 à chaque extrémité du bateau. Ces glissières sont constituées par des pièces de bois de 10^m,50 de longueur et 0^m,25 de largeur, suspendues le long du fond des enclaves et lestées, à la partie inférieure, par une plaque de fonte de 1^m,40 de longueur et 0^m,04 d'épaisseur, du poids de 100 kilogrammes, qui les maintient dans une position verticale et les applique parfaitement sur la maçonnerie. Elles servent à guider le bateau lors de l'échouage ou du relèvement. Une des enclaves a, en plan, la forme d'un trapèze de 0^m,60 de hauteur, 0^m,80 de largeur au fond et 1^m,20 en parement; la seconde enclave ne présente qu'une saillie de 0^m,60 de profondeur, dont le parement du fond se prolonge jusqu'au bassin pour permettre l'introduction du bateau.

Cabestans de manœuvre du bateau-porte. — A l'entrée de la forme, un cabestan est disposé sur chaque terre-plein de bajoyer pour exécuter les manœuvres de mise en place et d'enlèvement du bateau-porte: à cet effet, une série de poulies horizontales à gorge, scellées en des points déterminés, reçoivent des câbles dont une extrémité est frappée sur le bateau, tandis que l'autre vient s'enrouler sur un cabestan.

Six hommes suffisent par ce procédé, à haler le bateau dans ses enclaves et pour exécuter toutes les manœuvres.

Échouage du bateau. — Lorsqu'on veut échouer le bateau-porte pour vider la forme, on l'amène dans ses enclaves: à cet effet, un des étambots est introduit obliquement dans la feuillure trapézoïdale, puis maintenu collé le long de la glissière au moyen d'une amarre. En même temps on fait pivoter l'autre extrémité du bateau et on l'amène progressivement en contact avec la feuillure de l'autre bajoyer, le jeu de 0ᵐ.04 compris entre le bateau et les glissières étant suffisant pour livrer passage à l'étambot: cette opération s'effectue au moyen d'une amarre passant sur une poulie à gorge et faisant retour au cabestan. Lorsque les paillets sont en contact avec les feuillures, on frappe sur les bittes des amarres qu'on fixe aux deux bornes les plus rapprochées, et sur les organeaux du pont étanche, des câbles raidis au moyen de palans frappés sur deux bornes plus éloignées que les précédentes.

Cela fait, on ouvre les bondes de fond d'une quantité égale; l'eau s'introduisant dans la cale, le bateau commence à s'enfoncer et le pont étanche s'abaisse au niveau de l'eau extérieure. Afin de tenir compte du déplacement des fers et des cheminées du compartiment supérieur, qui seront immergés quand l'échouage sera effectué, on continue à introduire l'eau dans la cale jusqu'à ce que le pont étanche soit descendu à 0ᵐ,10 au-dessous de la flottaison. À ce moment, on ferme les bondes de fond, ce qui détermine un court arrêt dans l'immersion du bateau, puis on ouvre les soupapes du pont étanche: l'eau s'introduit alors dans le compartiment supérieur où elle s'établit au même niveau qu'à l'extérieur, et le mouvement reprend sous l'action d'une surcharge égale à la différence entre le poids d'une tranche d'eau de 0ᵐ,10 d'épaisseur et celui correspondant au déplacement des parties successivement immergées au-dessus du pont étanche. La descente s'opère ainsi lentement, avec une vitesse d'environ 0ᵐ.85 par minute, ou 0ᵐ.014 par seconde, sans aucune oscillation ou secousse. Trois minutes suffisent à l'échouage complet du bateau. Le volume d'eau introduit dans la cale est d'environ 24 mètres cubes (79.21 × 0.30)[1].

Dès qu'il repose sur le seuil de la forme, ce qu'indiquent les échelles du bateau comparativement avec celles de la forme, on

[1] On ne saurait ici reproduire les calculs assez longs relatifs à la stabilité du bateau-porte dans ses différentes positions. Ces calculs ont été dressés par M. l'ingénieur Coustolle, auteur du projet; ils se sont trouvés remarquablement vérifiés par le fonctionnement parfait des bateaux-portes exécutés.

ferme les deux soupapes du pont étanche qui communiquent avec
la forme, tandis que celles qui débouchent du côté du bassin
restent ouvertes pour que le niveau de l'eau, à l'intérieur du bateau, soit le même que celui de l'eau du bassin.

Lorsque ces manœuvres sont exécutées, on fait ouvrir la vanne
de vidange de l'extrémité de la forme, si le niveau de la mer est
inférieur à celui du bassin, afin d'écouler le plus d'eau possible.
Dans le cas contraire, on met en marche les appareils d'épuisement
et le bateau ne tarde pas à se coller contre ses feuillures.

L'eau de la forme continuant à descendre arrive au niveau des
bondes de fond, lesquelles sont restées fermées depuis l'ouverture
des soupapes du pont étanche. Les deux bondes de fond qui débouchent dans la forme sont alors de nouveau ouvertes et les
24 mètres cubes d'eau contenus dans la cale du bateau s'écoulent
dans la forme, d'où ils sont extraits avec les appareils d'épuisement.
Dès que l'évacuation est complète, on ferme une seconde fois les
bondes de fond, de façon que, lors du remplissage de la forme,
l'eau extérieure ne pénètre pas dans la cale. Cette opération constitue la dernière manœuvre de l'échouage du bateau.

Relèvement du bateau. — Lorsqu'on veut relever le bateau-porte,
on opère le remplissage de la forme en ouvrant les deux vannes
placées en tête de la forme ou, à défaut, celles du bateau. L'eau de
la forme arrive graduellement au niveau de celle du bassin et les
pressions tendent à s'équilibrer des deux côtés du bateau, mais la
cale étant entièrement vide et l'eau contenue sur le pont étanche
étant de même niveau que celle du bassin, puisque les soupapes
qui y débouchent sont restées ouvertes, il arrive un moment où la
forme ascensionnelle du bateau ¹) devient supérieur au frottement

---

¹) Cette force ascensionnelle commence à naître quand le niveau de l'eau dans la forme est arrivé à 0ᵐ,80 environ en con-tre-bas de celui du bassin. Elle va en crois-sant à mesure que la forme se remplit et que, par suite, la différence de niveau diminue, pour atteindre sa valeur nor-male quand cette différence est nulle.

déterminé par la différence de pression qui s'exerce sur le bateau du côté du bassin, entre les paillets et la maçonnerie. A cet instant, le bateau se décolle de ses feuillures et se soulève d'une quantité variant de 0^m,25 à 0^m,50, selon la hauteur de la mer, puis s'arrête pendant un instant très court. On ouvre aussitôt les deux soupapes du pont étanche qui débouchent dans la forme et l'eau contenue à l'intérieur du bateau s'écoule des deux côtés, puisque les soupapes donnant sur le bassin sont restées ouvertes. Le bateau s'allège ainsi de plus en plus et continue son mouvement ascensionnel, d'abord par quantités de plus en plus petites, puis d'une manière continue.

Pendant ce mouvement, le bateau reste dans une verticalité absolue et n'éprouve aucun mouvement de tangage ou de roulis. La vitesse moyenne du relèvement est la même que pour l'échouage, soit 0^m,014 par seconde. Trois minutes suffisent au relèvement complet du bateau.

Lorsque l'eau contenue sur le pont étanche est complètement écoulée, on ferme les quatre soupapes et le bateau est revenu à son état primitif, après avoir décrit un cycle complet.

Dès que le bateau s'est soulevé de 0^m,40, hauteur de la fourrure de la quille, l'eau du bassin, qui est à un niveau supérieur à celui de la forme, s'écoule entre la quille et le seuil en produisant un remous insignifiant, à peine visible à la surface.

Le décollement du bateau se produit, en général, lorsque la différence du niveau de l'eau du bassin et de la forme atteint 0^m,04 à 0^m,05.

Dans une expérience où la hauteur d'eau dans le bassin, comptée du bas de la fourrure de la quille, était de 8^m,47 (8^m,60 à l'échelle du bajoyer, à partir du fond du seuil) et celle de la forme comptée du dessus de seuil, de 8^m,05 (différence de niveau 0^m,05), le bateau s'est soulevé de 0^m,50 environ. Dans ces conditions, on peut se rendre approximativement compte de la valeur du frottement, au départ, des paillets sur la maçonnerie.

La longueur du bateau sur laquelle s'exerce la pression de l'eau étant de 2m,64, et la largeur de la forme de 22 mètres, la pression hydrostatique, du côté du bassin, atteint 833.214 kilogrammes, et du côté de la forme 731.333 kilogrammes. Le frottement produit entre les paillets et la maçonnerie par la différence de 101.881 kilogrammes fait équilibre à la force ascensionnelle du bateau, à ce moment environ 21,395 kilogrammes; le coefficient de frottement paraît donc avoir comme valeur 0,21 au moins.

La manière de relever le bateau que nous venons de décrire exige que l'on attende que l'eau de la forme ne soit plus qu'à 0m,04 à 0m,05 en contre-bas de l'eau du bassin; mais, comme le temps nécessaire au remplissage croît à mesure que la différence de niveau diminue, on abrège la durée des manœuvres en faisant relever le bateau dès que la différence n'est plus que de 0m,10.

À cet effet, la cale étant vide comme dans le premier cas, et l'eau contenue sur le pont étanche au niveau de celle du bassin, on ferme les deux soupapes qui débouchent dans le bassin et on ouvre celles qui donnent dans la forme: l'eau commence à s'écouler dans cette dernière et le bateau se relève quelques instants après, exactement dans les mêmes conditions que pour le premier cas. Lorsque le bateau est décollé, on ouvre de nouveau les deux soupapes qu'on vient de fermer, si on désire accélérer le relèvement; mais, en général, cette manœuvre est inutile parce que le bateau ne met que quelques minutes pour se relever complètement.

L'écoulement de l'eau contenue sur le pont étanche a pour effet de faire croître rapidement la force ascensionnelle et, par suite, d'opérer le décollement du bateau plus tôt. On gagne 15 à 20 minutes sur la durée des manœuvres par ce procédé.

Appareils d'épuisement : Dispositions générales. — Les appareils d'épuisement des formes de radoub, exécutés par la Société des forges et chantiers de la Méditerranée, comprennent :

1° Deux grandes pompes centrifuges à axe vertical pour l'épuisement des formes.

2° Deux petites pompes centrifuges à axe vertical pour l'entretien.

Le puisard se compose de deux compartiments superposés, séparés par une robuste voûte en maçonnerie complètement étanche.

Dans le compartiment inférieur, ou puisard proprement dit, débouchent les aqueducs de vidange des formes et plongent les tuyaux d'aspiration des pompes munis à leur pied de clapets, dont la manœuvre s'effectue du compartiment supérieur, au moyen de tiges traversant la voûte par des presse-étoupes.

Le compartiment supérieur, ou chambre des pompes, est complètement étanche; les pompes reposent sur la voûte à travers laquelle sont scellés les tuyaux d'aspiration. Les tuyaux de refoulement traversent l'une des parois en maçonnerie de la chambre des pompes, et débouchent dans un aqueduc d'évacuation, établi au niveau des basses mers, et qui va rejoindre le fond de la chambre d'épanouissement de l'avant-port. On profite ainsi du jeu des marées pour diminuer le travail des pompes.

On peut, à basse mer, écouler directement les eaux des formes à la mer au moyen d'un aqueduc qui met en communication directe le compartiment inférieur du puisard et l'aqueduc d'évacuation, et qui peut être fermé par une vanne.

La chambre des pompes est recouverte, au niveau du sol, d'une voûte qui forme le parquet de la chambre des machines. Deux larges ouvertures rectangulaires, ménagées dans cette voûte et fermées par des plaques de fonte à jour, laissent pénétrer l'air et la lumière dans la chambre des pompes. Une échancrure dans l'une des plaques livre passage pour la descente dans la chambre, au moyen d'un escalier en fer.

La chambre des machines est établie au-dessus de la chambre des pompes; une salle latérale contient les chaudières et, à l'une des extrémités de cette salle, en dehors du bâtiment, s'élève la cheminée en briques; à côté de la cheminée, se trouve un réservoir d'eau douce pour l'alimentation.

Un petit atelier et des bureaux complètent le groupe des bâtiments.

La grande forme, ou forme n° 1, contient, sans navire, par une marée de vive eau un peu faible, un volume d'eau de 44,000 mètres cubes compris entre les cotes (– 4,64), bord des rigoles, et (– 5,50), par rapport au zéro hydrographique. Ce volume d'eau est épuisé par les deux grandes pompes dans un délai maximum de 5 heures, quel que soit l'état de la marée, au début de l'opération.

Les choses ont été disposées dans le puisard et dans l'installation des appareils, pour qu'on puisse ultérieurement, s'il y a lieu, établir une 3ᵉ pompe semblable aux deux précédentes, de manière à réduire la durée maxima de l'épuisement de la forme n° 1 à 3 h. 1/2.

Les deux pompes d'entretien peuvent épuiser 200 mètres cubes d'eau chacune par heure, l'aspiration se faisant à la cote (– 6,50), qui est celle du radier du puisard, et le refoulement à la cote (– 6,00).

Le puisard est unique pour les deux formes; mais on a prévu le cas où il aurait des épuisements d'entretien à faire dans l'une des formes pendant que le puisard serait en entier occupé pour l'assèchement de l'autre forme. A cet effet, les tuyaux d'aspiration des petites pompes se raccordent avec des conduites en fonte qui passent dans les aqueducs de vidange des deux formes, contournent dans la maçonnerie les vannes de fermeture de ces aqueducs et vont descendre dans les fosses à gouvernail. On peut, par ce moyen, employer les pompes d'entretien pour vider les fosses à gouvernail ou pour tenir une forme à sec, même quand le puisard et les aqueducs de vidange sont pleins d'eau. Un système de robinets-vannes permet d'utiliser l'une ou l'autre des pompes d'entretien, pour l'une ou l'autre des formes, à volonté.

Appareils d'épuisement principaux : Pompes. -   Le corps de pompe est formé par une coquille en fonte, ouverte à la partie inférieure pour l'arrivée de l'eau, par le tuyau d'aspiration qui traverse la voûte du puisard, et fermée à la partie supérieure par un plateau avec presse-étoupes pour le passage de l'arbre de commande du disque.

Le disque est en bronze, et le joint avec le corps de pompe est disposé de telle façon que ce disque puisse être déplacé, en hauteur, de quelques millimètres.

L'arbre est garni de chemises en bronze, afin que le fer ne soit pas en contact avec l'eau de mer.

Le plateau porte un palier de butée, disposé comme les paliers des navires à hélice, et destiné à supporter le poids du disque et de l'arbre, et la poussée de l'eau en mouvement.

Un clapet en fonte, équilibré et muni d'un frein hydraulique, est placé sur le conduit de refoulement.

Les éléments caractéristiques de chacune des deux grandes pompes sont les suivants :

Cote d'établissement du plan axial du disque.....	($1^m.50$)
Hauteur maxima d'aspiration................	4 30
Hauteur maxima de refoulement (par haute mer de vive eau d'équinoxe)................	8 06
Charge totale maxima................	12 36
Diamètre intérieur du tuyau d'aspiration........	0 70
Diamètre du disque................	1 80
Largeur du débouché à la circonférence du disque.	0 14
Diamètre intérieur du tuyau de refoulement......	0 70
Diamètre de l'arbre vertical de commande.......	0 15
Nombre de tours par minute................	168
Débit moyen par seconde................	$1^{mc}.222$
Débit minimum................	0 800

Machines motrices. — Chaque pompe est actionnée par une machine horizontale à connexion directe, du type Compound, avec condenseur par surface.

Le condenseur est indépendant avec une pompe de circulation, une pompe à air et une pompe alimentaire, actionnées par un moteur spécial.

Le tiroir de détente du cylindre d'admission est muni d'un mécanisme permettant de faire varier l'introduction en marche, au fur et à mesure que l'eau s'abaisse dans la forme de radoub à épuiser.

L'eau de circulation est prise sur le conduit de refoulement de la grande pompe et rejetée dans l'aqueduc d'évacuation.

Les éléments d'établissement de chacune de ces machines sont les suivants :

Diamètre du petit cylindre.	$0^m,40$
Diamètre du grand cylindre.	0 69
Course commune des pistons.	0 50
Introduction dans le petit cylindre.	0 48
Introduction dans le grand cylindre.	0 63
Pression de la vapeur dans la boîte à tiroir.	$5^{kg}.00$
Nombre de tours par minute.	168
Force en chevaux indiqués de 75 kilogrammètres.	260

Chaudières. — Les chaudières sont cylindriques, à foyer intérieur avec grande chambre de combustion et tubes en fer en prolongement; la chambre de combustion est traversée par un gros tube bouilleur placé verticalement, destiné à produire une circulation d'eau rapide et à égaliser la température dans les différentes parties de la chaudière.

Le foyer, le faisceau tubulaire et la plaque tubulaire arrière forment un tout amovible qui peut rouler sur des galets à l'intérieur du corps cylindrique, et être sorti pour les visites et les nettoyages.

Le foyer et le faisceau tubulaire sont en fer, le reste de la chaudière est en acier.

Deux chaudières semblables sont nécessaires pour le fonctionnement d'une grande pompe, soit 4 pour les deux pompes; une cinquième semblable sert pour les pompes d'entretien, et une sixième est de rechange; la place est ménagée dans la chambre des chaudières pour pouvoir en établir ultérieurement une septième.

Ces six chaudières sont disposées côte à côte, sur des socles en maçonnerie; elles sont simplement revêtues d'une chemise en tôle mince enveloppant le corps cylindrique par l'intermédiaire de tasseaux annulaires en bois.

Une boîte à fumée rapportée à l'arrière de chaque chaudière, rejette les produits de la combustion dans un carneau placé sous le sol, qui court sous la façade arrière des chaudières et aboutit à la cheminée.

Un petit cheval, pour alimenter en dehors de la marche ou pendant le fonctionnement des machines d'entretien qui sont à échappement libre, est placé dans la chambre des chaudières.

Les principaux éléments de chacune de ces six chaudières sont les suivants :

Diamètre du corps cylindrique	$1^m.80$
Longueur totale	5 78
Diamètre du foyer	1 00
Longueur de grille	1 75
Surface de grille	$1^{mq}.73$
Diamètre intérieur des tubes	$0^m.075$
Longueur entre plaques	2 45
Nombre de tubes	61
Surface de chauffe { directe	$8^{mq}.29$
{ tubulaire	35 21
{ totale	$43^{mq}.50$
Volume de vapeur	$3^{mc}.150$
Volume d'eau	8 450
Timbre	$5^k.250$

CHEMINÉE POUR LES SIX CHAUDIÈRES.

Diamètre intérieur à la base	$2^m.00$
Diamètre intérieur au sommet	1 40
Hauteur à partir du sol	25 00

Appareils d'entretien : Pompes. — Les deux petites pompes d'entretien sont d'un système analogue aux grandes pompes et contiennent sensiblement les mêmes organes.

Elles sont disposées latéralement aux grandes, sur la voûte du puisard, et leur conduit de refoulement débouche dans celui des grandes pompes, au-dessus du clapet de refoulement de ces dernières.

Le palier de butée, au lieu d'être placé sur le plateau du corps de pompe, est placé en haut de l'arbre et fait corps avec le bâti de la machine motrice.

Les petites pompes sont munies d'un éjecteur d'air pour amorçage après arrêt prolongé.

Leurs éléments d'établissement sont les suivants :

Cote d'établissement du plan axial du disque....	$(-1^m.85)$
Hauteur maxima d'aspiration (dans la fosse à gouvernail de la grande forme)................	$5^m 71$
Hauteur maxima de refoulement (par haute mer de vive eau d'équinoxe).....................	$8^m 41$
Charge totale maxima......................	$14^m 12$
Diamètre intérieur du tuyau d'aspiration........	$0^m 20$
Diamètre du disque........................	$1^m 00$
Largeur du débouché à la circonférence du disque.	$0^m 025$
Diamètre intérieur du tuyau de refoulement.....	$0^m 20$
Diamètre de l'arbre de commande.............	$0^m 06$
Nombre de tours par minute (environ).........	350
Débit par seconde........................	$55^l,55$
Débit par heure.........................	$200^{mc},000$

Machines motrices. — Chaque pompe est actionnée par un moteur à échappement libre à deux cylindres égaux, sans condenseur ni pompes. Ces cylindres, placés horizontalement à 90° l'un de l'autre, actionnent directement l'arbre.

Les éléments de ce moteur sont les suivants :

Nombre de cylindres égaux................	2
Diamètre des cylindres....................	$0^m,180$

Course des pistons. . . . . $0^m,170$
Pression de la vapeur dans les boîtes à tiroirs. . . . . $5^k,00$
Nombre de tours par minute.   350
Force en chevaux indiqués de 75 kilogrammètres. $30^c,08$

Chaudières. — L'une des chaudières déjà décrite est suffisante pour alimenter les deux machines d'entretien fonctionnant ensemble. La canalisation de vapeur est montée de telle sorte que l'une quelconque des chaudières peut y être employée.

Consommation de charbon. — La consommation de charbon annoncée et qui n'a pas été atteinte pendant les épreuves est :

Pour les grandes machines de o kilogr. 850 par cheval indiqué et par heure,

Et pour les petites machines de 2 kilogrammes par cheval indiqué et par heure.

6° DÉPENSES.

Le tableau suivant rend compte de la situation financière, au 31 décembre 1901, des travaux du port de la Pallice :

TRAVAUX TERMINÉS.

DATES des ADJUDICATIONS.	DÉSIGNATION DES OUVRAGES.	DÉPENSES.
9 mars 1881.	Construction du bassin et de l'écluse. 7.156.953 74	
18 juin 1890.	Aménagement des terre-pleins. . . . 918.563 42	
	Total. 8.074.817 16	8.074.817 16
8 janvier 1882. . . .	Construction de logements, bureaux et magasins. .	100.851 09
31 janvier 1883. . .	Construction de l'avant-port et des jetées.	8.980.752 51
1ᵉʳ octobre 1884. .	Fourniture de bornes, bollards, etc., pour le bassin et l'avant-port.	96.110 65
17 août 1888. . . .	Construction de portes d'écluse (deux portes d'écluse et une porte de flot).	447.578 42
	À reporter.	17.632.081 83

DATES des ADJUDICATIONS.	DÉSIGNATION DES OUVRAGES.	DÉPENSES.
	Report............................	17,632,081ᶠ 83
21 novembre 1888.	Maçonnerie des formes de radoub............	911,200 66
30 octobre 1889..	Passerelles métalliques de l'avant-port...........	71,947 64
Soumission du 17 avril 1890.	Vannes et appareils de manœuvre des portes d'écluse.	139,935 34
30 avril 1890.....	Construction de feux de port et d'un logement de gardien............................	21,000 00
11 juin 1890.....	Bornes et autres ouvrages en fonte pour les formes.	27,661 67
Soumission du 25 mars 1891.	Installation des appareils d'épuisement des formes de radoub............................	315,714 00
29 avril 1891......	Construction de deux postes d'éclusiers..........	12,459 09
15 mai 1891.....	Construction de deux bateaux-portes...........	251,690 51
25 novembre 1891.	Construction d'appontements et creusement d'une fosse dans l'avant-port....................	496,819 95
12 février 1892....	Bâtiment des appareils d'épuisement des formes de radoub............................	39,374 13
Adjudications des 30 décembre 1882, 13 octobre 1886, 11 janvier 1889, 21 mai 1890, 23 décembre 1891. Soumissions des 3 septembre 1886, 4 septembre 1886, et 23 février 1889.	Fourniture de 39,500 tonnes de ciment Portland.	2,228,278 37
	Acquisition de terrains et travaux préparatoires...	395,000 00
	Éclairage électrique. — Dépense d'établissement montant à 67,559 fr. 17, dont à la charge de l'État............................	29,619 48
	Installation d'un mât de signaux.............	5,350 00
14 février 1895...	Réparations à la digue d'épanouissement........	6,000 00
26 octobre 1895..	Relevage et carénage des portes d'écluse et réparation des crapaudines....................	80,000 00
15 juin 1896.....	Pose de défenses en bois sur les bajoyers de l'écluse.	10,830 82
7 septembre 1896.	Établissement d'une station de canot de sauvetage.	7,400 00
17 mars 1897....	Digue d'épanouissement, parachèvement, règlement et empierrement des terre-pleins et réfection des parties avariées de la digue..............	166,840 71
21 avril 1897.....	Clôture des formes de radoub...............	13,439 17
22 avril 1897.....	Acquisition d'un remorqueur pour le service de la drague du port de la Pallice et des ports secondaires............................	46,000 00
	À reporter......................	22,908,643ᶠ 37

DATES des ADJUDICATIONS.	DÉSIGNATION DES OUVRAGES.	DÉPENSES.
	Report..........................	2.908,643f 37
10 février 1897...	Allongement de l'élinde, fourniture et installation d'un treuil à vapeur et d'un appareil pour le levage de l'élinde de la drague................	11,000 00
7 octobre 1898..	Acquisition de deux chalands à clapets..........	37,969 05
	Frais généraux et dépenses diverses............	150,399 40
	Total des dépenses...........	3,108,011 89

CHAPITRE IV.

RENSEIGNEMENTS COMMERCIAUX ET STATISTIQUES.

1° *Rôle et relations du port : Trafic.* — Le trafic du bassin de la Pallice se développe progressivement; il est à prévoir qu'il atteindra et dépassera bientôt celui du vieux port de la Rochelle.

Relations par mer. — En 1901, la navigation au long cours était représentée à la Pallice par des navires à voiles et à vapeur, chargés de pétroles, de phosphates, de nitrates, d'os et de jutes, venant d'Amérique et des Indes et par les paquebots anglais de la *Pacific Steam Navigation Company*, reliant Liverpool à Valparaiso, via la Pallice.

D'autres lignes de steamers, faisant le cabotage, des mers d'Europe, font escale à la Pallice. Il n'y a pas de navigation à la grande pêche. Quelques chaloupes de la Rochelle ou de l'île de Ré, se livrant à la pêche côtière, viennent de temps à autre dans l'avant-port débarquer leur poisson pour gagner une marée.

Services postaux réguliers. — Les paquebots de la *Pacific Steam Navigation Company* assurent, tous les quatorze jours, un service postal régulier entre Liverpool et Valparaiso, via la Pallice.

Le bateau à vapeur *Nénuphar* de la Compagnie Rhétaise fait le service de la poste entre la Pallice et Sablanceaux (île de Ré).

Cabotage entre ports français. — Des relations existent entre la Pallice et les ports de Dunkerque, le Havre, Nantes, Saint-Nazaire, Bordeaux, Bayonne, Cette, Marseille, les ports d'Algérie et de Tunisie, etc.....

Le tableau suivant fait connaître la nature et l'importance du trafic pendant l'année 1901 :

PRINCIPAUX PORTS.	NOMBRE DE NAVIRES. — VOILIERS.	VAPEURS.	JAUGE.	NATURE DES MARCHANDISES.	TONNAGE EFFECTIF. — ENTRÉE.	SORTIE.
Saint-Nazaire...	"	95	35.933	Cognac, chiffons, cuirs verts, laines, hui-tres, pommes de terre, bois de fusil, sulfates, sels, saindoux, paillons, dé-chets de coton, café, vins, jutes, chan-vre, crin végétal, huiles, sacs et fûts vides, biscuits, ferronnerie, machines agricoles...................	1.801	7.997
Le Havre, Brest.	3	58	45.754	Cognac, eau-de-vie, huîtres, vins, sar-dines, chaux, ciments, cuirs verts, trois-six, fers, papier, pâte de bois, ha-ricots, fromages, huiles, kanit, sul-fates, graisses, savons, grues, nitrates, quinine et café, fûts et sacs vides....	3.33o	6.938
Algérie et Tunisie.	"	58	43.241	Vins, eau-de-vie, phosphates, crin végé-tal, laines, grains, orge, avoines, fûts vides, moyeux, pommes de terre, bri-quettes de navires, sucre, morue, cor-dages, bois, fers...............	34.799	3.436
Marseille et Cette.		[illegible]	20.480	Huiles, savons, vins et vermout.......	4.997	"
Dunkerque.....		[illegible]	23.360	Sacs et fûts vides, trois-six, bois, huîtres, vins, orge et cognac...............	64	684
Bordeaux......	"	44	2.888	Diverses, fûts vides et trois-six........	2.76o	5
Bayonne.......	"	5	953	Rails et fers divers................	1.497	"
Nantes........	2	7	589	Vins, déchets de granit, sable, pâte de bois, pavés et fûts vides......	64	251
Île de Ré......	178	2.561	34.434	Vins, eau-de-vie, huîtres, varech, orge, sels, farines, morue, poissons, coquil-lages, savons, fûts vides, pétrole, faïence, houille, charbon de bois, soufre, paniers vides, obus, mobilier..	2.88o	1.060
Île d'Oléron....	45	8	1.062	Savons, nitrates, mobiliers, huîtres, bois, vins, soufre et paniers vides......	597	361
Divers ports....	209	8	5.386	Fûts vides, sulfates, ballast, moellons, sable, huîtres, poteaux de mine, pâte de bois, mobiliers, chaux, superphos-phates, varech, déchets de granit, obus...................	6.000	2.006

Commerce extérieur. — Le tableau suivant fait connaître la nature et l'importance du commerce extérieur pendant l'année 1901 :

PRINCIPAUX PORTS.	NOMBRE DE NAVIRES.		JAUGE.	NATURE DES PRINCIPALES MARCHANDISES.	TONNAGE EFFECTIF.	
	VAPEURS.	VOILIERS.			ENTRÉE.	SORTIE.
Valparaiso	62	»	185.761	Diverses, colis valeurs	»	5.931
Chili		8	13.727	Nitrates de soude	21.065	»
La Floride	6		7.631	Phosphates	14.315	»
Philadelphie	3	1	7.763	Pétrole brut	9.800	»
Calcutta	1	»	2.139	Jutes	2.600	»
Christiania	28		16.806	Cognac, pâte de bois et huile de baleine.	2.659	983
Stockholm	19		12.484	Cognac, fers, vins, conserves et fûts vides.	639	1.287
S^t - Pétersbourg, Helsingfors	7	»	4.859	Cognac, vins, conserves	»	1.095
Copenhague	22	»	17.591	Cognac, vins, conserves	»	2.179
Amsterdam	54	»	16.737	Fromages, pommes de terre, pâte de paille, cellulose, huile de baleine, alun, liqueurs, cognac, vins, conserves, verreries, porcelaine et lichen.	1.155	2.470
Anvers	8		5.865	Phosphates, pâte de bois, briquettes et scories	10,821	»
Dédéagatch	1	»	954	Maïs	800	»
Huelva, Lalaja, Pommaron	13	»	11.400	Pyrites, sulfate d'ammoniaque, vins et raisins	19,084	»
Lisbonne	6	»	3.296	Superphosphates	»	7.890
Cardiff, Blith, Swansea, Newport et Glasgow	71	5	67.155	Houille, poteaux de mine et cendres de pyrites	120.250	14.114
West - Hartlepool, Mostyn et Fleetwood	4		1.535	Cendres de pyrites	»	3.295
Liverpool	63	1	188.898	Diverses et résidus de pyrites	54	1.230

2° Frais supportés dans le port par le navire : Taxes fiscales.
Elles sont les mêmes qu'au vieux port de la Rochelle.

Les produits pour le bassin de la Pallice ont été en 1901 :

    1° Droits de quai (long cours et cabotage)... 84.298f 66
    2° Droits de francisation.....................
    3° Droits de passeport................. 305 60
    4° Droits de congé..................... 62 40
    5° Droits sanitaires................... 25.654 93

Taxes de péage. — Ces taxes sont les mêmes qu'au vieux port
de la Rochelle. Les produits pour le bassin de la Pallice, en 1901,
ont été de 70.166 fr. 63.

Droits de pilotage. — Les droits de pilotage sont les mêmes que
pour le vieux port de la Rochelle.

Le produit pour le bassin de la Pallice, en 1901, a été de
68.630 fr. 25.

Taxes diverses. — Le droit de courtage est établi sur les mêmes
bases qu'au vieux port de la Rochelle.

Taxes d'usage. — Les taxes pour l'usage des formes de radoub
sont données dans le tableau suivant :

NUMÉROS D'ORDRE.	DÉSIGNATION DES TAXES.	PRIX.
	a. Asséchement de la forme après entrée du navire.	
1	Au-dessous et jusqu'à 1,000 tonneaux..........................	150f 00
2	Pour chaque tonneau au-dessus de 1,000 et jusqu'à 3,000...........	0 10
3	Pour chaque tonneau au-dessus de 3,000........................	0 05
	b. Occupation de la forme après l'asséchement.	
4	Au-dessous et jusqu'à 1,000 tonneaux..........................	75 00
5	Pour chaque tonneau au-dessus de 1,000 et jusqu'à 3,000...........	0 05
6	Pour chaque tonneau au-dessus de 3,000........................	0 03

NUMÉROS D'ORDRE.	DÉSIGNATION DES TAXES.	PRIX.
	c. ASSÉCHEMENT ET ENTRETIEN DE LA FORME À SEC POUR LA PRÉPARATION D'UN BER OU DE TINS SPÉCIAUX. *(Quel que soit le tonnage du navire.)*	
7	Assèchement de la forme	200 00
8	Pour chaque jour d'entretien à sec après l'assèchement	60 00
	d. OPÉRATIONS DIVERSES.	
9	Enlèvement et remise en place d'un tin, à la demande du capitaine . . .	15 00
	Nota. Les prix des paragraphes *a* et *b* ci-dessus ne sont applicables qu'aux navires lèges et aux navires n'ayant pas une quantité de marchandises ou de lest dépassant 15 tonneaux par 100 tonneaux de jauge; chaque tonneau de lest ou de marchandises en plus de cette quantité, payera par chaque jour de séjour, y compris les jours d'entrée et de sortie.	0 05
	Les frais d'accorage et de désaccorage, à traiter de gré à gré avec les constructeurs, restent à la charge du navire.	

Frais divers. — Il n'existe pas de service de halage à la Pallice. — Les pilotes fournissent un ou deux canots d'aide dans les mêmes conditions qu'au vieux port de la Rochelle.

Il n'y a pas non plus de service de lestage régulièrement institué.

3° *Frais supportés dans le port par la marchandise ou le voyageur :* *Taxes fiscales.* Le produit de ces taxes se répartit comme suit, pour l'année 1901 :

Droits
- de douane (non compris les pétroles) 479.844ᶠ 33
- de permis 3.108 00
- de statistique 59.905 60
- sur les pétroles 459.976 00
- sur les sels 21 90
- d'octroi 9.504 30

Taxes de péage. Néant pour les marchandises; 1 franc par

tête pour les voyageurs des paquebots de la ligne du Pacifique,
quand ils ne débarquent ou n'embarquent pas de marchandises.

Taxes d'usage. — La chambre de commerce de la Rochelle a
été autorisée à exploiter, sur les quais, des hangars et des grues
pour l'usage desquels, elle perçoit des taxes calculées d'après les
tarifs suivants :

Hangars. — 0 fr. 10 par mètre carré et par jour; 10 francs par
compartiment de 200 mètres carrés et par jour.

Des abonnements à prix réduit peuvent en outre être consentis.

Grues à vapeur de 1,500 kilogrammes. — Le tarif est à l'heure et
décroît progressivement avec la durée d'usage.

	LE JOUR.	LA NUIT.
1 heure	12f 50	18f 75
2 heures	16 00	24 00
3	19 50	29 25
4	22 00	33 00
5	25 00	35 00
6	30 00	42 00
7	35 00	49 00
8	40 00	56 00
9	45 00	63 00
10	50 00	70 00
11	55 00	77 00
12	60 00	84 00

Pendant les jours non réglementaires le tarif subit une majora-
tion de 40 p. 100.

Grue à bras de 10 tonnes. — 1 fr. 50 par heure avec minimum
de perception de 5 francs; l'usager fournit le personnel.

4° *Prix du fret.* — Les prix du fret des marchandises spécialement débarquées à la Pallice étaient en 1901 de :

PRIX PAR TONNEAU.

francs.

Philadelphie, pétrole brut	25
Chili, nitrates de soude	30
La Floride, phosphates	14 à 20
Algérie, phosphates	9
Tunisie, phosphates	10
Cardif, Swansea, Newport, Glasgow, houilles	4,75 à 6
Valence, Alicante, vins	25
Algérie { Vins	18
{ Avoine et orges	10
Huelva, Pommaron, pyrites de fer	8
Lalaja, pyrites de fer	10
Amsterdam, diverses	20
Marseille, Cette, diverses	20
Hambourg, diverses	21
Bordeaux, diverses	7
Norvège, Suède, Finlande. { Pâtes de bois	10 à 15
{ Fers	9
{ Huile de baleine	30 à 40
Calcutta, jutes	26 à 27
Dedeagatch (Turquie), maïs	15 à 16

Les prix du fret des marchandises spécialement embarquées à la Pallice étaient en 1901 pour :

PRIX PAR TONNEAU.
—
francs.

Algérie, diverses	15
Dunkerque. { grains	9 à 11
{ eaux-de-vie et cognac	15
Anvers, eau-de-vie et cognac	12 à 14
Hambourg, eau-de-vie et cognac	22
Norvège, eau-de-vie et cognac	30
Suède et Finlande, eau-de-vie et cognac	40 à 42
Danemark, eau-de-vie et cognac	32

PRIX PAR TONNEAU.

francs.

Amsterdam.. { eau-de-vie et cognac.................. 38 à 39
            { diverses   25
Weest-Hartlepool, Mostyn-Quay, Fleetwood, Liverpool,
    cendres ou résidus de pyrites.................. 6,25 à 7.50
Manche de Bristol, poteaux de mines.............. 6 à 7

5° *Services réguliers.* — En 1901, les services réguliers existant à la Pallice étaient assurés par :

1° Les paquebots anglais de la *Pacific Steam Navigation Company* reliant, tous les quatorze jours, Liverpool à Valparaiso, via la Pallice.

2° Le vapeur *Nénuphar* de la Compagnie Rhétaise, reliant trois fois par jour Sablanceaux (île de Ré) à la Pallice; pendant les mois de juillet, août et septembre, le nombre des voyages journaliers a été de quatre.

3° Les steamers côtiers de la *Compagnie générale transatlantique* reliant hebdomadairement Saint-Nazaire à la Pallice.

4° Les steamers côtiers de la *Compagnie Worms et Cie*, reliant, tous les quatorze jours, le Havre à la Pallice, via Bordeaux.

5° Les steamers côtiers de la *Compagnie des bateaux à vapeur du Nord*, reliant à peu près régulièrement tous les quatorze jours Marseille à Dunkerque, via la Pallice.

6° Les steamers côtiers de la *Compagnie Royale Néerlandaise*, reliant à peu près régulièrement tous les quatorze jours, Bordeaux à Amsterdam, via la Pallice.

7° Les steamers côtiers russes de la *Compagnie Finska Ångfartygs-Aktiebolaget* reliant mensuellement, depuis la fin d'avril au commencement de novembre, de chaque année, Bordeaux à Saint-Pétersbourg, via la Pallice.

TABLEAUX RÉCAPITULATIFS.

a. DROITS.

ANNÉES.	DROITS DE DOUANE			DROITS				
	sur LES PÉTROLES.	non compris LES PÉTROLES.	TOTAUX.	de QUAI.	de STATISTIQUE.	SANITAIRE.	de PÉAGE.	D'OCTROI.
1891.	396.318f 20	39.275f 43	365.593f 63	7.841f 27	5.192f 50	5.618f 20	9.657f 49	546f 13
1892.	1.227.359 68	90.652 95	1.318.012 63	16.453 52	7.814 90	2.617 39	8.438 86	11.157 60
1893.	1.437.187 25	112.990 82	1.550.178 07	33.362 79	11.682 80	5.481 35	13.779 06	13.616 30
1894.	1.032.831 00	231.881 49	1.264.712 49	39.474 00	13.076 50	8.885 65	15.847 50	3.550 25
1895.	382.387 93	170.457 29	552.845 22	82.435 06	21.399 40	17.091 60	26.275 90	2.404 60
1896.	523.471 28	202.077 32	725.548 60	81.244 17	19.548 90	17.015 30	25.680 03	2.525 40
1897.	445.778 55	335.229 94	781.008 49	90.356 49	22.821 90	18.777 65	28.550 86	3.579 30
1898.	550.956 87	850.247 40	1.401.204 27	62.261 17	24.153 80	19.725 10	28.880 61	4.653 85
1899.	445.778 55	483.039 78	928.818 33	58.716 18	35.316 40	20.102 35	33.317 38	4.830 60
1900.	400.937 66	467.780 81	868.718 47	91.115 97	59.731 30	27.013 37	55.513 6.	15.400 00
1901.	459.976 00	479.844 33	939.820 33	84.398 66	59.905 60	25.654 93	70.166 03	9.504 30

Période de construction des batteries de Saint-Marc, de la Pallice et de Chef-de-Baie.

b. MOUVEMENTS DE LA NAVIGATION.

ANNÉES.	ENTRÉES.			SORTIES.			ENTRÉES ET SORTIES RÉUNIES.		
	NOMBRE de NAVIRES.	TONNAGE de JAUGE.	TONNAGE de MARCHANDISES.	NOMBRE de NAVIRES.	TONNAGE de JAUGE.	TONNAGE de MARCHANDISES.	NOMBRE de NAVIRES.	TONNAGE de JAUGE.	TONNAGE de MARCHANDISES.
1891	825	72.774	30.692	820	70.784	10.763	1,645	143,558	41,455
1892	1.455	107.820	62.512	1.455	107.312	13.531	2,910	215,132	76,043
1893	1.378	148.579	69.723	1.367	148,245	21.276	2,745	296.824	90.999
1894	1.262	225.708	68.319	1.199	226.864	28.609	2.461	452.572	96.928
1895	1.665	359.532	82.237	1,668	359.166	35.664	3,333	718.638	117.901
1896	1.594	376.051	74.078	1.573	375.847	38.733	3.167	751.898	112.811
1897	1.834	419.728	94.349	1.823	417.591	39.812	3.657	837.319	134.161
1898	2.118	423.099	111.516	2.117	421.168	37.641	4.235	844.267	149.157
1899	2.247	435.642	130.845	2.244	435.710	47.311	4.491	871.352	178.156
1900	2.120	477.935	263.984	2.120	479.631	60.914	4.240	957.566	324.898
1901	2.183	498.140	259.045	2.182	497.908	64.150	4.365	996.048	323.195

Fig. 18. — Graphique indiquant le mouvement de la navigation
dans le port de la Pallice.

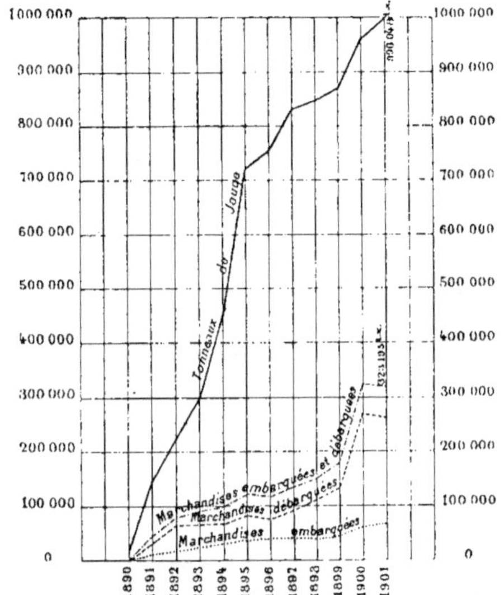

Fig. 19. — Graphique indiquant le mouvement de la navigation
dans le port de la Rochelle.

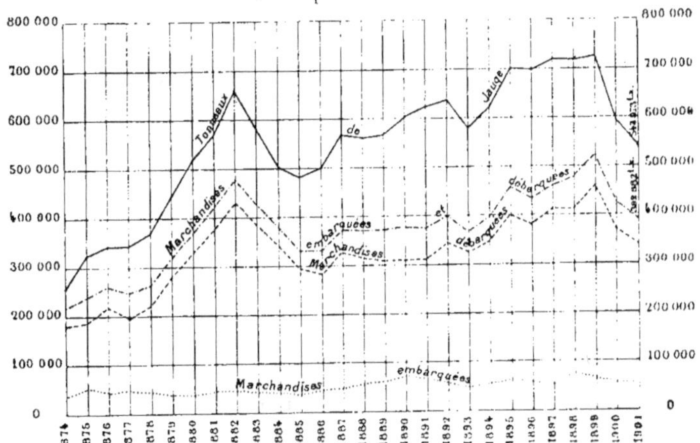

TABLE DES MATIÈRES.

PORT DE LA PALLICE.

CHAPITRE III. (Suite.)

CHAPITRE IV. (Suite.)

TABLE DES FIGURES.

www.ingramcontent.com/pod-product-compliance
Lightning Source LLC
LaVergne TN
LVHW020707200726
843508LV00002B/927